雅趣小书

丛书主编　鲁小俊

花史左编

[明]王路 著

甘超逊 注译

谢晓虹 绘

长江出版传媒 崇文書局

前言

鲁小俊教授主编的十册"雅趣小书"即将由崇文书局出版，编辑约我写一篇总序。这套书中，有几本是我早先读过的，那种惬意而亲切的感觉，至今还留在记忆之中。于是欣然命笔，写下我的片段感受。

一

"雅趣小书"之所以以"雅趣"为名，在于这些书所谈论的话题，均为花鸟虫鱼、茶酒饮食、博戏美容，其宗旨是教读者如何经营高雅的生活。

南宋的倪思说："松声，涧声，山禽声，夜虫声，鹤声，琴声，棋落子声，雨滴阶声，雪洒窗声，煎茶声，作茶声，皆声之至清者。"（《经钼堂杂志》卷二）

明代的陈继儒说："香令人幽，酒令人远，石令人隽，琴令人寂，茶令人爽，竹令人冷，月令人孤，棋令人闲，杖令人轻，水令人空，雪令人旷，剑令人悲，蒲团令人枯，美人令人怜，僧令人淡，花令人韵，金石鼎彝令人古。"(《幽远集》)

倪思和陈继儒所渲染的，其实是一种生活意境：在远离红尘的地方，我们宁静而闲适的心灵，沉浸在一片清澈如水的月光中，沉浸在一片恍然如梦的春云中，沉浸在禅宗所说的超因果的瞬间永恒中。

倪思和陈继儒的感悟，主要是在大自然中获得的。但在他们所罗列的自然风物之外，我们清晰地看见了"香""酒""琴""茶""棋""花""虫""鹤"的身影。这表明，古人所说的"雅趣"，是较为接近自然的一种生活情调。

读过《儒林外史》的人，想必不会忘记结尾部分的四大奇人："一个是会写字的。这人姓季，名遐年。""又一个是卖火纸筒子的。这人姓王，名太。……他自小儿最喜下围棋。""一个是开茶馆的。这人姓盖，名宽，……

后来画的画好，也就有许多做诗画的来同他往来。”“一个是做裁缝的。这人姓荆，名元，五十多岁，在三山街开着一个裁缝铺。每日替人家做了生活，余下来工夫就弹琴写字。”《儒林外史》第五十五回有这样一段情节：

一日，荆元吃过了饭，思量没事，一径踱到清凉山来。这清凉山是城西极幽静的所在。他有一个老朋友，姓于，住在山背后。那于老者也不读书，也不做生意，养了五个儿子，最长的四十多岁，小儿子也有二十多岁。老者督率着他五个儿子灌园。那园却有二三百亩大，中间空隙之地，种了许多花卉，堆着几块石头。老者就在那旁边盖了几间茅草房，手植的几树梧桐，长到三四十围大。老者看看儿子灌了园，也就到茅斋生起火来，煨好了茶，吃着，看那园中的新绿。这日，荆元步了进来，于老者迎着道：“好些时不见老哥来，生意忙的紧？”荆元道：“正是。今日才打发清楚些，特来看看老爹。”于老者道：“恰好烹了一壶现成茶，请用杯。”斟了送过来。荆元接了，坐着吃，道：“这茶，色、香、味都好，老爹却是那里取来的这样好水？”于老者道：“我们城西不比你城南，到处井泉都是吃得的。”

荆元道:“古人动说桃源避世,我想起来,那里要甚么桃源?只如老爹这样清闲自在,住在这样城市山林的所在,就是现在的活神仙了!”

这样看来,四位奇人虽然生活在喧嚣嘈杂的市井中,其人生情调却是超尘脱俗的,这也就是陶渊明《饮酒》诗所说的“结庐在人境,而无车马喧”。

“雅趣”可以引我们超越扰攘的尘俗,这是《儒林外史》的一层重要意思,也可以说是中国文化的特征之一。

古人有所谓“玩物丧志”的说法,“雅趣”因而也会受到种种误解或质疑。元代理学家刘因就曾据此写了《辋川图记》一文,极为严厉地批评了作为书画家的王维和推重“雅趣”的社会风气。

辋川山庄是唐代诗人、画家王维的别墅,《辋川图》是王维亲自描画这座山庄的名作。安史之乱发生时,王维正任给事中,因扈从玄宗不及,为安史叛军所获,被迫接受伪职。后肃宗收复长安,念其曾写《凝碧池》诗怀念唐

王朝，又有其弟王缙请削其官职为他赎罪，遂从宽处理，仅降为太子中允，之后官职又有升迁。

刘因的《辋川图记》是看了《辋川图》后作的一篇跋文。与一般画跋多着眼于艺术不同，刘因阐发的却是一种文化观念：士大夫如果耽于“雅趣”，那是不足道的人生追求；一个社会如果把长于“雅趣”的诗人画家看得比名臣更重要，这个社会就是没有希望的。

中国古代有“文人无行”的说法，即曹丕《与吴质书》所谓“观古今文人，类不护细行，鲜能以名节自立”。后世“一为文人，便不足道”的断言便建立在这一说法的基础上，刘因“一为画家，便不足道”的断言也建立在这一说法的基础上。所以，他由王维“以前身画师自居”而得出结论：“其人品已不足道。”又说：王维所自负的只是他的画技，而不知道为人处世以大节为重，他又怎么能够成为名臣呢？在“以画师自居”与“人品不足道”之间，刘因确信有某种必然联系。

刘因更进一步地对推重“雅趣”的社会风气给予了指斥。他指出：当时的唐王朝，“豪贵之所以虚左而迎，亲

王之所以师友而待者”，全是能诗善画的王维等人。而“守孤城，倡大义，忠诚盖一世，遗烈振万古”的颜杲卿却与盛名无缘。风气如此，“其时事可知矣！”他斩钉截铁地告诫读者说：士大夫切不可以能画自负，也不要推重那些能画的人，坚持的时间长了，或许能转移“豪贵王公”的好尚，促进社会风气向重名节的方向转变。

刘因《辋川图记》的大意如此。是耶？非耶？或可或否，读者可以有自己的看法。而我想补充的是：我们的社会不能没有道德感，但用道德感扼杀“雅趣”却是荒谬的。刘因值得我们敬重，但我们不必每时每刻都扮演刘因。

“雅趣小书”还让我想起了一篇与郑板桥有关的传奇小说。

郑板桥是清代著名的“扬州八怪”之一。他是循吏，是诗人，是卓越的书画家。其性情中颇多倜傥不羁的名士气。比如，他说自己“平生谩骂无礼，然人有一才一技之长，一行一言之美，未尝不啧啧称道。囊中数千金随手散尽，

爱人故也”（《淮安舟中寄舍弟墨》），就确有几分“怪”。

晚清宣鼎的传奇小说集《夜雨秋灯录》卷一《雅赚》一篇，写郑板桥的轶事（或许纯属虚构），很有风致。小说的大意是：郑板桥书画精妙，卓然大家。扬州商人，率以得板桥书画为荣。唯商人某甲，赋性俗鄙，虽出大价钱，而板桥决不为他挥毫。一天，板桥出游，见小村落间有茅屋数椽，花柳参差，四无邻居，板上一联云：“逃出刘伶禅外住，喜向苏髯腹内居。”匾额是“怪叟行窝”。这正对板桥的口味。再看庭中，笼鸟盆鱼与花卉芭蕉相掩映，室内陈列笔砚琴剑，环境优雅，洁无纤尘。这更让板桥高兴。良久，主人出，仪容潇洒，慷慨健谈，自称“怪叟”。鼓琴一曲，音调清越；醉后舞剑，顿挫屈蟠，不减公孙大娘弟子。“怪叟”的高士风度，令板桥为之倾倒。此后，板桥一再造访“怪叟”，“怪叟”则渐谈诗词而不及书画，板桥技痒难熬，自请挥毫，顷刻十余帧，一一题款。这位“怪叟”，其实就是板桥格外厌恶的那位俗商。他终于“赚”得了板桥的书画真迹。

《雅赚》写某甲骗板桥。“赚”即是“骗”，却又冠以“雅”

字，此中大有深意。《雅赚》的结尾说：“人道某甲赚本桥，余道板桥赚某甲。”说得妙极了！表面上看，某甲之设骗局，布置停当，处处搔着板桥痒处，遂使板桥上当；深一层看，板桥好雅厌俗，某甲不得不以高雅相应，气质渐变，其实是接受了板桥的生活情调。板桥不动声色地改变了某甲，故曰：“板桥赚某甲。”

在我们的生活中，其实也有类似于“板桥赚某甲”的情形。比如，一些囊中饱满的人，他们原本不喜欢读书，但后来大都有了令人羡慕的藏书：二十四史、汉译名著、国学经典，等等。每当见到这种情形，我就为天下读书人感到得意：“君子固穷”，却不必模仿有钱人的做派，倒是这些有钱人要模仿读书人的做派，还有比这更令读书人开心的事吗？

“雅趣小品”的意义也可以从这一角度加以说明：它是读书人经营高雅生活的经验之谈，也是读书人用来开化有钱人的教材。这个开化有钱人的过程，可名之为“雅赚”。

陈文新

2017.9 于武汉大学

雅趣小书

花史左编

目录

译文

花史左编

雅趣小书

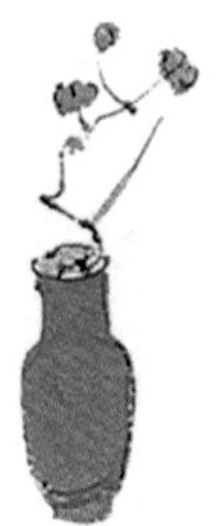

原文

花史左编

雅趣小书

卷之六

卷之九

卷之十

卷之十三

导读

古人爱花，历史悠久，这从《诗经》中“山有嘉卉，侯栗侯梅”“桃之夭夭，灼灼其华”“有女同车，颜如舜华”等繁多的花木意象，可窥见一斑。文人雅士爱花之深，自然会莳花弄卉，积累的培植方法以及衍生的花卉文化便会记于笔端，形成一部部“花经”。

王路所撰《花史左编》即是一部有代表性的花经。是书成于明万历四十五年（1617），所辑录的花卉品目、培植方法、典故传说等颇为详备，对花卉栽培有一定参考价值。此外，《花史左编》文辞时有流丽清俊之语，亦可视为美文，读来清新可喜。

一、王路其人

王路，字仲遵，号澹云、淡云，浙江平湖人。其先为

松江（今上海松江）人，后徙居平湖乍浦虹霓堰，王路为平湖王氏七世孙。其生卒年不详，从《花史左编》前陈继儒“读《花史》题词”中“幽居无事，欲辑花史传示子孙，而不意吾友王仲遵先之”，可知王路与陈继儒有交游，大致为同一时期人物。

除《花史左编》外，王路还著有《客窗留》三十咏[①]、“尤长于史”的《天藻集》[②]、“集古安贫之士”的《冰蘖荟》[③]等，今多已散佚。

二、书之特色

（一）广博丰富

《花史左编》的一大特点是内容广博丰富。这从部分卷名及主要内容，即可得见：卷二“花之寄”，记花生长之所；卷三“花之名”，详具花名；卷四“花之辨”，言

【注释】

① 方复祥、蒋苍苍：《“金平湖”下的世家大族》，中国文史出版社2008年版，第214页。

② 谢国桢：《江浙访书记》，生活·读书·新知三联书店1985年版，第66页。

③ 浙江省地方志编纂委员会：清雍正朝《浙江通志》第12卷，中华书局2001版，第6778页。

花名花色；卷五“花之候”，言花之岁时四季；卷八“花之宜”，言栽培呵护之工；卷九“花之情”，荟萃人与花相关之事；卷十“花之味”，言花与餐饮有关之事；卷十三“花之忌”，言花卉培植忌讳；卷十四“花之运”，言兴衰之事；卷十五“花之梦”，言与花有关的梦幻之事；卷十六“花之事”，收古人言花之论；卷十七“花之人”，记种花、接花、护花、赏花之人；卷十八“花之证”，辨花色，侧重考证；卷二十一“花之药”，言可入药之花；卷二十二“花之毒”，记有毒之花。从花卉的品目、名字、花色、季候，到花卉培植方法、种植禁忌、功用价值，又到与花相关的人事、典故传说等，不一而足，可谓是将与花卉相关之物“一网打尽”。

当然，《花史左编》名为花史，但卷二十三“花之似”言似花非花之景、卷二十四“花之变”记非花而具花名之事，实则与花卉关系牵强，有杂芜之嫌。

（二）体察入微

除内容广博丰富外，《花史左编》也具有细致入微的长处。卷十八“花之证”剖析一花数名、一花数色以及异瓣、

异味、异产、栽培异法；卷五“花之候”讲述花的培养、寒暑、朝暮、春秋、时序变化；卷八“花之宜”记载栽培、浇灌、维护、珍惜等，十分详细。卷十三“花之忌”列举各花的病害、虫害和疗法，“菊花却虫”条以三百多字详记治菊虎、牙虫、白虱、象干虫、菊蚁、蟹虫、菊牛、蚯蚓等虫害的方法，并附“又去蠹一条略异”条作对照。这些细致的技艺和经验，若不是亲手栽培之人，恐怕很难具备。

但王路更是一位文人雅士，对花卉的体察入微除了技艺层面，也在精神方面。自《楚辞》的香草美人意象以来，中国文人雅士就有将花卉的某种自然属性人格化的传统，王路在《花史左编》中无疑继承了这一传统。卷一“花之品”用拟人手法将花卉分为花王、花后、花相、花魁、花妖、花男、花妾、花客、花友等 25 品类，并把具体花卉再进行品级分类，远比传统的品级分类细致入微。这离不开王路对文献史料的细致梳爬，也更多得益于他对各种花卉特性的体察入微。

（三）晚明意趣

在晚明文坛提倡“性灵”、鼓吹“性情”的大环境中，

长期生活在文化中心地区的浙江，又与陈继儒等人交游，王路的审美理念大概难以脱离晚明风气。《花史左编》无论是内容的选取，还是文辞的风格，都流露出晚明山人隐逸孤高、主情任性以及追求性灵的审美意趣。

在花卉的选取上，《花史左编》尽管收录广泛，但王路关注最多的是兰花、菊花、荷花、梅花等具有隐逸、高洁属性的花卉。如卷一“花之品”专门附“兰花品”二十六条，卷五“花之候”之“治菊月令”用大半卷篇幅详写栽培菊花的季候，卷十“花之味”中大量关于菊花入药、泡茶的记载，这无疑是王路喜爱兰花、菊花的流露。兰为花中君子、菊乃花中隐者，王路对孤高傲世、隐逸高洁品质的追求不言而喻。《花麈残存》内附王路小传说“其风韵类苏子瞻，其性情似米海岳，故髫年里中遂有痴名，自视夷然不屑也。”④这种对世俗眼光夷然不屑的态度，正与《花史左编》中所体现的王路人格及审美意趣相呼应。

【注释】

④ 谢国桢：《江浙访书记》，生活·读书·新知三联书店1985年版，第66页。

专设卷九“花之情”，选取与花相关的典故传说，如“人面桃花　再生”“秋期菊蕊　私约”“并蒂花　男女”“断肠花　怀人”“助娇花　簪折”“轻薄絮　笑语”“解语花　比美”，均为男女感情；且多为帝王与妃嫔情事，但王路笔下无贬斥性的道德评判，这也是晚明主情思潮的一种显现。

王路文字简约清丽，《花史左编》中时可见之。《四库全书总目提要》评曰“属词隶事，多涉佻纤；不出明季小品之习”，虽是对《花史左编》持批评态度，但指出其文辞的“小品笔法”却是不刊之论。

三、书之版本

《花史左编》明万历四十六年绿绮轩刻本、《四库全书存目丛书》本皆为二十七卷。《浙江通志》则云二十四卷。其版本的来龙去脉，应如《四库全书总目提要》所载：“此本二十五卷‘花之友’、二十七卷‘花之器’，皆题‘潭阳宣猷驭云子补’；二十二卷‘花麈’，题‘百花主人辑’，则路书本二十四卷，此三卷乃后人所补入，而刊书者并为一目耳。”

另，据《花史左编》“小引”中“予花史肇自丙辰夏日，历三季始脱稿，《左编》花之事迹，计二十四卷；《右编》辞翰陆续品辑，约一十二卷”，可知在撰成《花史左编》后，王路还在陆续辑录记载花之辞翰的《花史右编》，计划约结成十二卷，但不见传世，当是未成书。

本书以明万历四十六年绿绮轩刻本为底本，并参校其他版本，整理注译。因“雅趣丛书”体例规定，故以趣味、实用为原则，选取卷六“花之瑞”、卷九“花之情”、卷十“花之味”、卷十三“花之忌”、卷十四“花之运”、卷十五“花之梦”、卷十六“花之事”、卷十七“花之人”、卷二十一“花之药”、卷二十二“花之毒”十卷注译。除明显错讹径改外，其他均保持原貌；书中关涉的常见人名、地名不注，在此一并说明。

受惠于网络时代，相较古人，笔者注译《花史左编》时已多有便利；但因个人学力所限，难免不足之处，恳祈各位方家不吝指正。

甘超逊

2017年7月，于都府堤

花史左编译文

雅趣小书

读《花史》题词

我家的屋舍在二水交汇处，层层花丛之外，其间放置炊具、竹床和儒、释、道三家的书籍，除了与道人见面外，就没有其他的事。唯独我生来爱花成癖，每当春分、秋分前后，天天派家中男仆将各类花移来栽种，为此不惜冒风露，荒梳洗。客人笑着说："眉道人命中带桃花。"我笑道："是这些花命中劳碌奔波。"我隐居无事，原想辑录花史留给子孙看，但想不到我的朋友王仲遵已先做了。他编撰的《花史》有二十四卷，记载的都是古人风雅之事，会与农书、种树书一道传世。读《花史》的人，终老于花中，可以长寿；劈荆棘，运沙石，灌溉培植，都有方法可循，可作为经邦济世的借鉴；谢绝高位退隐，又可以避开尘世，玩笑世间。但在红尘中奔波的权贵高官们，不会略微懂得其中的情趣。

陈继儒题题

有山野的情趣却不懂得其中乐趣的，是樵夫牧人；有瓜果蔬菜却来不及品尝的，是菜贩牙商；有花草树木却不能欣赏的，是达官贵人。古代著名的贤人中，唯独陶渊明寄兴遣怀，往往在桑麻松菊、田野篱落之间；苏东坡喜好种植，能亲手嫁接花卉、果树。这些都是随天性而生，不可勉强得来；倘若勉强，即使将《花史》送给他，也会生气地扔下书离开。如果真的是天性相近而又喜欢，一起在树林间仰面躺着晒太阳，仔细看书中所说的花开花落，与千万年来历史兴亡盛衰的轨迹又有什么差别呢？虽说有“二十一史”，但其中的道理都可以汇集在这《花史左编》中。

眉道人陈继儒又题

自识

万历四十五年，我的《花史》编撰完成。冬天十一月四日的夜里，梦到迅猛的雷霆从内院升起，满天轰烈。我醒来觉得奇怪，问："这是什么预兆？我要去证实吗？贫寒之家忍饥挨饿的人由来已久，对这个世道并没有什么要求，我要去证实吗？都是千万年前的旧事，人人都能听闻看到，并不是我所创造的。然而我为什么要掩饰？为什么会惊讶呢？"客人指着书，笑道："为了它长年劳顿辛苦，特别不能理解。"我回答："偶然因为一句话才甘愿承受这种劳累。晋代的某个人喜爱某种花，写诗道：'他年我若修花史，列作人间第一香。'我怜惜万花没有主人，就投身其中了。然而，我不是花的忠臣，也不是为花编史的优秀人选，而是花的说客，想让世世代代的人永远颂扬花。花神如果厌恶我的游说，必然会大发雷霆，带领万花向天帝申诉她们的不满。"

天帝率领军队鸣鼓而攻，我将会惶恐难安；如果不是这样，花神必定把我当做知己，所以我不觉得雷声恐惧。之前梦的寓意是这样吧？寓意如此，但不可向痴人说。放下笔时忍不住大笑，故而将这些记下来。

万历四十六年花朝，太原是岸生题

花史左编

花之瑞

雅趣小书

芍药花

广陵有芍药花，其中红色花瓣而黄色腰身，称为金带围的，没有花种；当这种芍药花绽放时，城中应当会出宰相。北宋时韩琦任广陵郡守，金带围一下子绽放了四枝，于是邀请宾客开设宴会。当时王珪任郡佐，王安石为幕僚，都在入选宾客之列，然而缺少一人。韩琦暗自思虑有客人来访，便派人请他来充当。等到傍晚，回报说是陈升之到来，第二天就开宴。后来，四人都入阁拜相。

又

文渊阁中种有三株芍药，明天顺二年盛开了八朵花，李贤于是设宴邀请吕原、刘定之等八位学士一起赏花，唯独黄谏因足疾没来赴宴。第二天芍药花又开了一朵，众人说黄谏足以当之。李贤赋诗，官僚均有诗唱和，时人以为是一件美事。

荷花

《格物丛话》记载：荷花有复瓣的，有双头的，世人认为这是祥瑞之兆。又有一种早晨长出对着太阳、夜晚潜入水中的，名叫睡莲。

杏花

汉代东海郡都尉进献一株杏树，杏花混杂五色，花有六瓣，说是仙人所食用的。

瑞香

后蜀孟知祥僭越称帝，召集百官在芳林园宴饮，赏红桃花，花叶有六瓣。

又

庐山的一位和尚白天睡在盘石上，梦中闻到极其浓烈的花香，等到醒来，寻到梦中的花，将其命名为睡香。周围的人认为很神奇，称之为花中的祥瑞，就用“瑞”字替换“睡”字，称其为瑞香。

兰菊

晋代的罗含，字君章，是耒阳人。退休回家时，阶前庭院中突然兰花、菊花丛生，时人认为是他的德行所感召的。

莲花

关令尹喜出生时，他家旱地上自然地长出莲花，散发的光充盈满屋。

又

晋安王萧子懋，是齐武帝的儿子。他七岁时，母亲阮淑媛病势沉重，宫中请僧人做道场祈福，有进献莲花供佛的人。萧子懋祈誓说："如果母亲获得庇佑，愿莲花在斋祭后依然如故。"七日斋祭结束后，坛中的莲花更加鲜红，还长出了少许根须。母亲的病不久就痊愈了，世人说这是被子懋的孝心所感动。

红栀

孟昶十月在芳林园宴饮，赏红栀花，花有六瓣且是红色，清香如梅花。

琼花

扬州后土祠的琼花，天下独此一株，与聚八仙极其相似，花色微黄而有香味。宋仁宗、孝宗都曾将其移栽宫中后花园，琼花随即枯萎，送回后土祠栽种，又繁茂如故。

按：宋郊在扬州时，建亭于琼花之侧，亭名"无双"。

异木

覃氏先祖种有一棵异树，四季盛开百种花，覃氏子孙在树下唱歌跳舞，花就自行落下，可以捡来簪在头上。外姓人来树下唱歌，花则不落。

菖蒲花

梁太祖皇后张氏曾在屋内，忽然望见庭前的菖蒲花光亮耀眼，不像是世间所有。张皇后惊讶地注视着，问侍者："你看到菖蒲花了吗？"侍者答："没有看到。"张皇后说："曾听说看到的人定当富贵。"因此她将花摘来吞下，当月生下梁武帝。

又

赵隐的母亲蒋氏在山涧中，看见菖蒲花像车轮一般大，旁边守护的神人嘱咐她说："不要泄露这件事，你就可以永享富贵。"蒋氏九十四岁时，向子孙们说出了这件事，说完后，便患病去世了。

旌节花

后唐时王处回在家闲居，有道士将花种送给他，说：“这是仙家的旌节花。”后来王处回历任二镇节度使。

桃李

明正德十三年冬天，武宗驾幸扬州，立春那天满城桃李盛开，上奏认为这是祥瑞的随从大臣不一而足。

梅梁

东晋孝武帝太元三年，仆射谢安负责建造新宫殿，但太极殿缺少一根大梁。恰逢有梅树顺水漂到石头城下，于是捞起用来制梁，并在梁上画梅花以表祥瑞，太极殿因此得名梅梁殿。

花之情

雅趣小书

花史左编

人面桃花 再生

唐代崔护清明节在城南游玩，看见一户庄院中桃花环绕房舍，就敲门求水喝。有一位女子开门，取出水给崔护喝，盯着他看了很久，像是不尽情地进门了。第二年崔护再去，却发现院门紧锁，于是在左边门上题诗，说："去年今日此门中，人面桃花相映红。人面只今何处去？桃花依旧笑春风。"几天后崔护又前往，听见院中有痛哭声，便敲门询问，有老人出来问："你莫非就是崔护？你害死我女儿了！我女儿成年还未婚嫁，从去年以来，就常常神情恍惚若有所失。近日和她一起出门，回来看到左门上的诗，进门就生病了，数日不食而死。"崔护为之感动不已，到灵前祭拜，对着女子的尸体祈祷说："我在这里了。"不一会儿，女子又活过来了，于是两人结为夫妻。

秋期菊蕊　私约

古时候有女子与男子约定终身，说："婚期定在秋天。"等到了冬天依然还没有答应。男子问她："菊花都已枯萎，婚期还要多久？"女子戏言："菊花虽然现在枯萎，但明天就会重新长出。"没过多久，菊花重新冒出花蕊。

无瑕玉花　化物

无瑕曾穿着素色的桂裳折桂枝，第二年桂花盛开，颜色洁白如玉，女伴折花用来簪头发，称为无瑕玉花。

沧州金莲　摇舞

沧州金莲花，形状如蝴蝶，每当微风吹拂时，花瓣飘摇如飞。妇女争相采摘作为首饰，说："不戴金莲花，不得到仙家。

寿阳梅花　点妆

南朝宋武帝之女寿阳公主，正月初七卧在含章殿檐下，有梅花飘落在额头上，形成五瓣花，拂之不落，称为梅花妆。后世宫女都效仿她。

指印红痕　弄脂

唐明皇时，有人进献一株牡丹名叫杨家红，恰逢杨贵妃正涂抹脸妆，唇膏沾手，就顺手印在了花叶上。第二年牡丹花开，花瓣上有红色指纹印痕，明皇为之取名一捻红。

紫荆花　兄弟

田真兄弟三人要分割财产，堂前有一株紫荆树，花开正盛。夜里三人商议将树一分为三，天亮时紫荆花就已枯萎。于是感叹："物尚且这样，何况是人呢？"于是三人不再分家，紫荆花又繁盛如初。

并蒂花　男女

大名寻常人家的一对男女，因为感情不成，一起投水赴死。三天之后，两人的尸体相互牵着手浮出水面。这一年，这片水塘的荷花没有不是并蒂而开的。

点衣花　会心

唐玄宗到连昌宫，看见杨花飘点在杨贵妃衣服上，说："杨花似乎懂得人的心意。"

断肠花　怀人

旧时有女子想念心上人，而心上人却没有来，眼泪洒落地上，之后落泪的地方长出一种草，所开花的颜色如同女人的脸色，名叫断肠花，就是现在的秋海棠。

助娇花　簪折

《开元天宝遗事》记载：唐明皇摆驾后花园，看见千叶桃花盛开，就折了一枝簪在杨贵妃的发髻上，说："这种花也能增添娇美。"

着忙花　萦系

《遯斋闲览》中说："槐花黄，举子忙。"花能让人陷入忙乱，是花为人忙呢？是人为花忙呢？其中的道理不可不参悟。

轻薄絮 笑语

陈后主与宠妃张丽华在后园游玩，有柳絮飘点在衣服上，张丽华问陈后主：“为什么柳絮要沾点人的衣服呢？”陈后主说：“因为是轻薄的东西，然而实在是懂得你的心意。”张丽华笑而不语。

解语花 比美

《天宝遗事》记载：太液池中千叶莲花盛开，唐明皇与杨贵妃赏花，指着莲花对左右随从说：“跟我的贵妃比如何？”

花之味

雅趣小书

花史左编

寒香沁肺

铁脚道人曾喜欢打赤脚走在雪中，兴致来了就朗诵《南华·秋水篇》，满口咀嚼梅花，和着雪咽下，说：“我想让寒冷的幽香沁入肺腑。”

艳烹酥

孟蜀时候，李昊每回将数枝牡丹花分送朋友时，会与兴平酥一起赠送，说：“等花凋谢了，就可以用酥煎花吃，不辜负花之美艳。”他的风采尊贵就像这样。

吞花卧酒

虞松在春日里说：“吟咏风月，且留待以后；赏花饮酒，不可错过时机。”

服竹饵桂

离娄公服用竹汁吞食桂花，因而得道成仙。

杨花粥

洛阳城中人家，在寒食节煮杨花粥吃。

莲花饮

雍熙年间，张君房寓居庐山开光寺，望见黄石岩瀑布中，一大片红叶顺水漂流而下。寺中的僧人将它捞上来，发现是一朵莲花，长三尺，宽一尺三寸。张君房将花叶分开，磨碎煮汤喝下，莲花的清香经过一晚仍未散去。

分枝荷

汉昭帝时开凿了淋池，在池中种植分枝荷，花叶虽然枯萎，但食用后口气常带清香，宫女争相采来含在口中咀嚼。

碧芳酒

房寿在六月招待宾客时，将莲花捣碎，酿制碧芳酒。

桃李花

崔元徽遇到杨氏、李氏、陶氏数位美女，以及穿绯红衣服的少女石醋醋，又有封十八姨到来。石醋醋说："我们几位都住在花园中，每每被凶恶的大风扰乱，曾请求封十八姨给予庇护。先生只要在每年元旦制作一支朱红色的幡旗，画上日月五星的图案，立在花园东面，我们就可以免遭灾难了。"崔元徽按她说的立起幡旗，这一天东风甚为猛烈，但园中的花都纹丝不动，这才明白杨、李、陶姓女子都是花精。石醋醋是石榴，封姨则是风神。数夜之后，杨氏等数位又来拜访崔元徽，各自制作数斗桃花酒、李花酒以表谢意，说饮用后可以祛衰老。

榴花酒

崖州的妇人将安石榴花放在容器中，经过十天就酿成酒，清香味美，仍颇能醉人。

夜合酒

杜羔的妻子赵氏每年端午时，采来夜合花放在枕中，遇杜羔稍有不乐，就取出少许放入酒中，让婢女送给他饮用，杜羔便觉得欢欣。

菊花

宋孺子入玉笥山中，因食用菊花而乘云上天成仙。

菊花酒

汉代宫女采摘菊花连带花茎，混合黍米来酿酒，到第二年的九月九日酒好后饮用，称其为菊花酒。

落梅菜

宪圣皇后每次烹治菜前，一定会在梅树下拾取落花，将花与菜混杂烹炒。

百花食

偓佺曾采摘百花作为食物，身上长出几寸长的毛发，能飞翔，不怕风雨。

百花糕

唐代武则天在花朝节游览御花园，命宫女采摘百花，和米捣碎蒸作糕点，用来赏赐随从的臣子。

花浸酒

杨恂遇到花时，就在花下摘蕊，粘缀在妇人的衣服上，用少许蜜蜡混合揉搓花浸酒，以求一时快意。

吸花露

杨贵妃宿醉刚醒，经常为肺热所苦，曾凌晨独自游走后花园，靠着开花的树，用手攀折花枝，吮吸花露，借此润肺。

玉兰瓣

将玉兰花瓣择洗洁净，和入面中，用麻油煎着吃，味道极其美妙。

牡丹花

牡丹花的煎食方法与玉兰花相同，可直接食用，也可用蜂蜜浸食，玉兰花也可用蜂蜜浸食。

郫筒酒

山涛治理郫县时，将大竹挖空倒入酴醾酿酒，密封二十天后才打开，酒香百步之外都能闻到，所以四川人传承了他的制酒方法。

五佳皮

将五佳皮阴干，用纱袋装着放入酒中，饮用后能够使人延年益寿、祛除疾病。叶子有五个尖的酿酒最好。

丝瓜花

用梅卤浸后可以泡茶，新摘下来的烹食味道鲜嫩，与丝瓜一样美味。

桃花饮

《太清诸卉木方》中说：“将浸渍桃花的酒喝下，可祛百病，美容颜。”

换骨膏

唐宪宗用李花酿制换骨膏，赐给裴度。

甘菊饮

唐风子饮用甘菊茶而成仙，甘菊原本就可以泡茶，又能明目。

栀子

有大朵重瓣的栀子花，加梅酱蜜糖烹制，可以作为美味的菜肴。

金雀

可以采摘下来，滚汤加盐稍微煮一下捞出，用来做一种茶点。

橙花

橙花用来蒸茶，向来是龙虎山进贡宫廷的绝品。园林中适宜多栽种橙树，多收集橙花。

玉簪

将花瓣和入面中，加少许糖一起食用，香气清新，味道清淡，可算做清供一种。

慈菰

在水中种植，每丛花挺立着一枝，枝上开数十朵花，无色无味，只有根块在秋冬时节挖取食用，味道非常好。

酴醾

四川人采来酿酒。

紫花

遍地丛生，紫花惹人怜爱，枝叶柔嫩，摘来可做菜，春天时下籽栽种。

萱花

只有蜂蜜色的萱花，可以用来做菜，不可不多种植。春天可食用萱苗，夏天可食用萱花，比其他的花多了两种功用。

凤仙

枝叶肥大的可以食用，方法详见《遵生八笺》。

桂酒

惠州博罗出产，苏轼有《桂酒颂》。

芭蕉

中心的一朵，清晨时生出甘露，味道甜如蜂蜜。即便是常见的芭蕉也会开出黄花，到了清晨，花瓣中的甘露甜如麦芽糖，食用后可止渴延年。

夜合花

根块可食用，一年挖掘一次，除开最大的用来食用外，小的则在肥沃的土壤中排列种植，类似种蒜的方法。每年六七月买来大的根块种下，用鸡粪施肥，到春天就能长成，一枝开出五六朵花。有一种像萱草的，花上有红斑黑点，花瓣都反卷着，一朵会结出一枚果实，名为回头见子花。还有一种枝叶茂盛的，一枝上开两三朵花，没有香气，也喜欢鸡粪肥。习性与百合花相同，最易成活，栽种它是因为花色娇美；根块也与百合相同，也可以食用，味道稍苦，拿去栽种的人要注意辨别。

桂菊点茶

用桂花卤或梅卤浸泡尤其好，泡茶时香味先飘满室，将菊花吹入茶中，是清供中最佳之物。甘菊花种更适合用来泡茶，虽然二种花的花期有先后，然而可供一年四时饮茶之需。

松子

《列仙传》记载：文宾娶一位女子为妻，数十年后抛弃了她。后来女子年老，九十多岁再见文宾时，他反而更加健壮，女子哭着作揖问："到正月初一早晨，能在乡舍西边的社庙中再相会吗？"文宾教她服用菊花、地肤、桑耳和松子来补气，之后女子也变得健壮，又活了一百多岁。

紫菊

《宝椟记》中说："宣帝时外国进贡了一棵紫菊花，栽种后蔓延长成数亩，味道甘甜，食用的人到死都不觉得饥渴。"

芦菔鲊

后唐冯贽《云仙散录》引用《蛮瓯志》，说："白居易从边关入中原时，刘禹锡正醉酒生病。于是刘禹锡赠送菊苗齑、芦菔鲊，换取白居易的两袋六班茶，用来醒酒。"

石崖菊

沈竞《菊谱》说："旧时东平府有溪堂，是郡中人游赏的地方，溪水从石崖间流过。到秋天的时候，人们在溪中乘船游玩，采摘石崖上的菊花来做下酒菜，每年必然会摘得一二种新奇少见的花。"

佳蔬

吴致尧《九疑考古》说：“春陵以前没有菊花，从元次山开始才种植的。”沈竞《菊谱》说：“元次山著《菊圃记》，写道：‘菊花在药材中是良药，作为蔬菜则是佳肴。’”

白菊酒

白菊酒酿制方法：春末夏初时，摘取柔软的白菊苗阴干捣碎成末，取一方寸匕，和无灰酒空腹服用。如果不饮酒的人，和汤、粥汁服用，也可收效。秋天八月时，连着白菊花一起收取，暴晒干后，切三大斤，用生绢袋子盛着贮存，浸泡在三大斗酒中，过七天即可服用。现今各州也有酿制菊花酒的人，方法都是来自这里。

菊花末

《备急千金要方》记载：将九月九日的菊花捣碎成末，饮酒之前服用一方寸匕，主要针对饮酒，能使人喝酒不醉。

菊花酝

《太平圣惠方》说："治疗头风病，将九月九日的菊花晒干，一斗家糯米蒸熟后，放入五两菊花末，像平常的酿酒法那样，用许多细面曲发酵。酒酿好后就用力挤压，去掉渣滓，每次温一小盏服用。"郭元振《秋歌》说："辟恶茱萸囊，延年菊花酒。与子结绸缪，丹心此何有。"

菊茶

郑景龙《续宋百家诗选》中说："本朝孙志举有《访王主簿同泛菊茶》一诗，道：'妍暖春风荡物华，初回午梦颇思茶。难寻北苑浮香雪，且就东篱撷嫩芽。'"

菊苗茶

洪遵《和弟景卢月台诗》道："筑台结阁两争华，便觉流涎过麴车。户小难禁竹叶酒，睡多须藉菊苗茶。"

助茶香

唐代皎然写有《九日与陆处士羽饮茶》诗，道："九日山僧院，东篱菊也黄。俗人多泛酒，谁解助茶香。"陆游《冬夜与溥庵主说川食》写道："何时一饱与子同，更煎土茗浮甘菊。"有人将菊花磨成细末，泡入茶中啜饮。

小甘菊

文保雍《菊谱》中载有《小甘菊》诗："茎细花黄叶又纤，清香浓烈味还甘。祛风偏重山泉渍，自古南阳有菊潭。"这首诗得见于陈元靓《岁时广记》，然而所说的文保雍《菊谱》遗憾未曾得见。

香木露

屈原《离骚》中的“朝饮木兰之坠露兮，夕餐秋菊之落英。”王逸注解说：“是说清晨饮香木上坠落的露水，吮吸正午时花的汁液；夜晚食用芳菊的落花，吞食深夜时花的嫩蕊。”洪兴祖《楚辞补注》说：“秋菊没有自行坠落的，应当理解为‘我落其实，而取其华’中‘落’的意思。”又据一种说法：《诗经·访落》篇中，“落”字的意思是“始”。意即“落英”之“落”，是指初生的花，芳香可爱；如果是衰败凋谢的花，又怎会有可食用的诱人味道呢？”

黄花

西晋成公绥《菊花铭》说：“数在二九，时惟斯生。”又有《菊颂》说：“先民有作，咏兹秋菊。绿叶黄花，菲菲彧彧。芳踰兰蕙，茂过松竹。其茎可玩，其葩可服。”

花史左编

花之忌

雅趣小书

牡丹

北方土地厚实，忌灌施肥粪、用油渣壅根；忌接触麝香、桐油、漆器；忌用热手搓磨摇动花枝；忌杂草丛生、藤蔓缠绕，抢走土气而伤害花；花四周忌踩踏得过于紧实，使地气不能升腾；忌花刚开放时，就随意采摘攀折，使花不茂盛；忌养花人用乌贼鱼骨针刺花根，一刺花就会毙命凋落。这些是牡丹花所忌讳的。

又疗牡丹法

有时遭到蛀虫、蛴螬、土蚕侵食枝髓，可将硫磺末倒入虫孔中，用杉木削成针扎虫，虫子自然就会死去。如果折断花枝来捉虫，就可惜枝干了。

水仙

起种时如接触铁器，就永远不会开花。

瑞香

不喜潮湿，畏惧阳光。适合用小便浇灌，可以杀死土中的蚯蚓。有人说应该用梳头后的发垢腻质施肥，又说用洗完衣服后的灰汁浇灌，花就会长得肥大。因为瑞香的根是甜的，用水浇灌后，蚯蚓就不会侵食。平常家中一定要用云漆渣，以及鸡、鹅毛汁或浔猪毛汤浇花，都能使花开得繁茂。最忌麝香，花一旦触及就会枯萎。有阳光照射时，要将花遮盖住，不能露出根，否则花就不会开得繁茂。如果用小便浇灌，就要多灌溉河水，来分解小便的咸度。大体上香花怕粪，而瑞香尤其如此。

玫瑰

花根旁边新长出的嫩枝条，不要长时间留存，应该立即移植到别的地方，这样花就会繁茂而不零落。

又紫玫瑰花

种植紫玫瑰花大多不能长久的，是因为用人尿浇花，花就会毙命。分根栽种，花就会长得繁茂，如果根很肥大，花多半会憔悴枯萎。黄玫瑰花也是这样。

栀子

这种花性喜肥沃，适合用粪浇灌；但浇灌得太多，过于肥沃了，又容易长白虱。

兰花培兰四戒

春天不能栽植，应避开春天的风雪。夏天不能晒太阳，要避开炎炎烈日的炙烤。秋天不能干燥，干燥时就要及时浇水。冬天不能潮湿，不要使花遇水结冰。

又有祛除残虱的一则方法：用肥水浇花，一定会有虮虱生在叶子背面，叶子损害了就会伤损花。如果长出这种虫子，就将大蒜和水碾碎，用新笔沾着拂拭清洗，叶子上干净，虫自然就没有了。

菊花 却虫

夏至前后，有一种黑色硬壳的虫子，学名叫菊虎。天气晴暖的时候菊虎出没，只在巳、午、未时非常炎热时才看到，应等它出现后除去。如果花被菊虎伤害了，就将受伤的地方摘掉，以免秋天长出虫子。被菊虎伤害的菊花，一定要选肥沃的土盛装，四旁多种壮硕繁茂、容易生长的花，用来诊治菊虎的灾患。蚜虫笼罩花头，是因为菊花有香气，蚁爬上花头排粪，就长出蚜虫，蚜虫长大了，蚁又将它吃掉，于是花头就被笼住不再生长。看到花上有像白虱的虫子长出，即刻用棕帚将其刷掉。秋后找虫，应先辨认粪便的痕迹。有一种像干虫，颜色与枝干没有差别，长在叶子背面，上半月在叶根的上干部分，下半月在叶根的下干部分。诊治这样的虫害，要将枝干破开捉出虫子，然后用细纸绳绑住枝干，时常用水润湿纸条，这样花也就没有病害了。或者将铁线磨为锋利的小刀，上半月插蛀孔向上搜寻虫子，下半月插蛀孔向下搜寻虫子。如果菊蚁多了，就将鳖甲放在花旁边，菊蚁必然就会聚集其中，再将之转移到远处。如果菊枝长出蟹虫，就用桐油围在花梗上，蟹虫自然就会死去。治菊牛之害，可以每天清晨将活

蟹捣碎洒在叶子上，菊牛自然就不会来了。治蚯蚓之害，就用石灰水，之后再浇灌河水缓解。

又去蠹一条略异

损害菊花的动物有六种：一是菊牛，二是蚱蜢，三是青虫，四是黑蚰，五是喜蛛，六是麻雀。蚱蜢、青虫吃菊花的叶子；黑蚰使枝干瘦弱；喜蛛侵损花头；麻雀四月间筑巢，会啄下花枝、衔走叶子。菊牛又名菊虎，有钳子，形状像萤火虫，是菊花的大害。清晨露水还没干的时候，菊牛会停在叶间，这时可以找到将其杀死，但它飞得很快，迟了就来不及。五六月间，虫子绕皮咬开，在里面产卵，长大后变为青虫，在这一片叶子上，这片叶子就低垂枯萎。凡是将叶子折去时，必须在损伤处再下一二寸，差不多可以避免有毒的气体危及整株花树。从枝叶损伤处劈开，必定有一种小黑头的青虫，应当捉住将之捻杀。治黑蚰之害，可用线缠绕箸头，逐渐将其粘下，用手捻杀。治喜蛛之害，要逐叶卷去它吐出的丝。又要防止枝节孔中长蛀虫，可用细铁线穿孔将虫杀死。还有，蚯蚓也能伤害菊根，可用纯粪浇灌，将其杀死后，再用河水浇灌缓解。

玉兰花

这种花忌被水浸漫。

蔷薇

蔷薇花生性喜欢长成屏风形状，不能施太多肥。花头上长出萎虫时，将煎银店中的炉灰撒在上面，萎虫就会死。

桂花

桂花喜欢阴凉，不适合施人粪肥。

桂兰

这种花最怕烟和灰烬。

附瓶花之忌　高深甫 著

插花之瓶忌有环，忌成对摆放，忌用口小、腹大、足细的药坛做花瓶，忌用葫芦形状的瓶。凡是插花之瓶，忌配雕花妆彩花架；忌放置在空荡荡的案几上，这样有跌落摔坏的隐患，所以官哥古瓶下方有两个方孔，为的是能穿皮条，将其系在案几腿上，不让瓶损坏。忌香、烟、灯、煤熏染；忌猫、鼠伤残；忌油手拈花摆弄；忌置放在密室中，夜里须移至露天；忌将井水盛放瓶中，井水味咸，花多半不会繁茂，用河水混合雨水才好。

附花祟　《瓶史》第七条

花下不适合焚香，好比茶中不宜放果子。茶有其本身的味道，并不适合加入或甜或苦的味道；花有其本身的香气，不需要香烟熏染。那样使原有的味道和香气被侵损，是俗人的过失。而且，如果香气太过浓烈，花就容易中毒，很快会枯萎，所以香料是花的大敌。棒香、合香在插花时尤其不能焚，是因为其中含有麝香的缘故。昔日韩熙载曾说："关于插花，木樨花适宜与龙脑相配，酴醿花宜与沉水搭配，兰花则适宜于四绝，含笑花适合于麝香，檐卜花适宜于檀香。"但在我看来，这与将肉和笋并食无异，是官府中宴席的做法，而非文人雅士的做事风格。至于室内所燃的蜡烛和煤烟，都能使花致死，应迅速搬离。将这些称为插花的妨害，不也是合适的吗?

花之运

雅趣小书

花史左编

瓶花

宋室南渡之后，在端午节会用大金瓶遍插葵花、石榴花、栀子花，环绕放在殿堂楼阁中。

这样偏安一隅的景象，怎么会长久呢。

蜀葵

明成化甲午年间，日本人入朝进贡，看到蜀葵花却不认识，因此询问国人花的名字，国人骗他说："这是一丈红。"那个人在纸上形容蜀葵花，题诗道："花于木槿花相似，叶与芙蓉叶一般。五尺阑杆遮不住，特留一半与人看。"

这是四海一家的景象，绝非日本人的口气。

凤仙

宋时称之为金凤花，又叫凤儿花。慈懿李后出生时，有鸑鷟来舞的吉兆，因此小名叫做凤娘。等到她成为皇后，宫中后妃为避讳，称凤仙花为好女儿花。

成为了皇后，花也跟着荣耀。

金钱

俗称夜落金钱，源自外国，梁时从外国进入中国，花朵形状像钱，亭亭可爱。昔日鱼弘用金钱花做赌注，说得花胜过得金钱，可谓是喜爱花到了极致。

从外族融入华夏，是金钱花运气流转的地方。有梦到污秽的人，对应的是得到金钱，因为金钱本是污秽之物。如今认为得花胜过得钱，似乎是祛除了污秽，然而污名仍在。是外族之名可以改变，而污秽终究不能变，真是可惜了。

牡丹花

唐代时唯独这种花少有，长庆年间，开元寺僧人惠澄从洛阳偶然得到了一株，称其为洛花。白居易曾携酒赏牡丹花，唐代张祜作有咏牡丹诗，北宋苏轼写有《牡丹记叙》。自古以来各家隐逸之士，无不是最爱这种花的。

花因人而繁盛衰败。

映山红

本名为山踯花，与杜鹃花类似，但稍大一些，花单瓣而颜色浅。如果开满山顶，那一年的庄稼就会丰收。

山花应该是谷物的好朋友，否则为什么二者丰收与否都相同呢?

菊花

崔实《月令》中以九月九日为采菊之日，而费长房也教人在这一天饮菊花酒来消除灾祸，如此说来这种风俗从汉代以来就尤其盛行了。

不仅是陶渊明，东篱采菊盈握，独擅千古，在晋代尤为盛行。

争春馆

扬州太守的花园中，栽有数十行杏树，每到杏花烂漫时，太守就张罗盛大的宴会，每株树下命一位歌妓倚靠，建馆名为争春。唐开元年间，宴会结束后，夜阑人静，有人说听见杏花的叹气声。

宴饮赏玩时人与花相互映照，到开元年间，杏花为什么独受冷落呢?

红梨花

峡州官衙里有一株千叶红梨花，没有人观赏。朱郎中任知州时才添加了护花围栏，让坐中客人为花赋诗。

花也有人侍候，怎么会一直寂寞呢?

香海棠

唯独昌州的海棠花有香气，树大到要人两臂环抱，号称海棠香国。太守在郡衙前建造香霏阁，每到花开时候，便宴请宾客在阁中赋诗赏花。

花的名声不曾衰弱，可以没有遗憾了。

芍药

东武旧时风俗，每年的四月，在南禅寺、资福寺举办大会，用芍药花供佛。大会最盛时有芍药花七千多朵，花萼重叠交映。其中有一种白芍药花，形状圆似倒置之盂，花下十多片叶子，如盘承载，苏轼改其名为玉盘盂。

名不虚传，符合盛名。

万花会

蔡繁卿任扬州太守时，举办万花会，用了十万多枝芍药花。

摘取的花太多，看到的人应该发狂了。

蔷薇花

《香谱》记载：大食国产蔷薇花露，五代时藩使蒲何散带来十五瓶进贡。

花露如此之多，耗费的花该有多少？

水仙花

宋代杨仲囦从萧山买得一二百株水仙花，开得极为茂美，于是将它们种在两个古铜洗中，仿《洛神赋》体，作《水仙花赋》。

水仙花的丰采本就很美，遇到杨氏而使族类更加昌盛。

芙蓉花

《成都记》记载：孟蜀后主在成都城上栽种木芙蓉，每到秋天芙蓉花开，四十里城墙如同锦绣，高低相映，成都因此得名锦城。用芙蓉花染的丝制作的床帐，名为芙蓉帐。

锦城今日如果还在，胜过金谷园锦帐七十里。

鼎文帔

许智老居长沙，家中栽有两株木芙蓉树，树荫可遮蔽一亩多地。一天芙蓉花盛开，访客盈门，客中有个叫王子怀的人说：“花数不会超过一万朵，如果超过了，我甘愿受罚。”许智老同意了。王子怀指着随他来的歌妓贾三英，说用她身上的胡锦鼎文帔作为赌注。许智老于是命小厮、仆人一起采花，总共有一万三千多朵。王子怀命歌妓解下胡锦鼎文帔，交给主人就逃离了。

二株树的花有一万多朵，已是多到极致了。一时受到质疑，何不多忍耐一下呢。

木兰花

长安百姓家中有一株木兰树，王勃用五千钱买下，木兰花终年都是紫色的。

青松嘲笑人没有长久的容颜，木兰全年花紫，高价钱花得值。

花之梦

雅趣小书

花史左编

梦溪

镇江有条梦溪，在丹阳经山的东边。北宋沈括曾梦中到一座小山中，山花繁盛如锦绣覆盖，树木高大蓊郁，溪水绕过山下。后来沈括贬谪到南徐，看到这条溪。

兰花

郑文公之妾燕姞梦到上天赠她兰花，于是就把兰花当作自己的儿子。后来郑文公遇见她，赠送兰花并临幸了她，生下后来的郑穆公，起名为兰。

海棠花

前蜀潘炕有一个爱妾名解愁，姓赵，她的母亲梦到吞下海棠花蕊后生下她，颇有国色天香之美，善于编唱新曲。

润笔花

郑荣曾写一首金钱花诗没有成，梦到一位红衣女子掷钱给他，说：“这是给你润笔的”。等到醒来，伸手到怀中，得到数朵花，于是戏称为润笔花。

水仙花

谢公梦到一位仙女送给他一束水仙花，第二天，妻子生下后来的谢夫人，她长大后聪慧异常，能吟咏诗歌。

又

姥姥住在长篱桥，夜晚梦中看到星星坠地，化为一丛水仙花。她将花摘来食用，醒来后生下女儿，女儿长大后德行善美而有文华辞采。

樱桃青衣

唐天宝初年，有位范阳的卢生，在京城参加科举考试，无奈连年落第，生活日渐窘迫。卢生曾傍晚骑驴出游，看到一座寺院中有僧人讲学，听课的学生非常多。卢生进入寺院，才坐到听讲席中，就疲倦地睡着了。梦中卢生到了寺院门口，看见一位青衣女子带着一篮樱桃坐在门下。卢生问她家是哪里的，就坐下与青衣女子一起吃樱桃。青衣女子说：“我姓卢，嫁到崔家，现寡居城中。”又询问起近亲，才知道其中有人是卢生同曾祖的姑母。于是，青衣女子说:“难道与姑母同在京城中，你却不去问安？”卢生便随她而行。过天津桥，入水南一坊，看到一座宅院，门庭甚为高大。卢生站在门下，女子先自进去。不一会儿，有四人出来与卢生相见，都是卢生姑母的儿子。一位任户部郎中，一位是前郑州司马，一位任河南功曹，另一位则是太常博士，其中两人穿绯色衣服，另二人穿绿色衣服，相貌都非常清俊。相见之后叙旧，颇为欢畅。一会儿，就带着卢生进入北堂拜见姑母。姑母穿紫衣，年龄大概六十岁，说话高声爽朗，仪表威严庄重。卢

生心中畏惧，不敢抬头看。姑母让座后，仔细询问他家中内外亲属，全面地了解家族情况，于是问起卢生是否婚娶。卢子回答:“没有”，姑母说：“我有一个外甥女，姓郑，父亲早逝，将她留给我妹妹抚养。外甥女容貌气质甚佳，又非常贤良淑德，应当可以做你的妻子。与他们商量后，一定会答应的。”卢子听后立即拜谢。姑母派人将外甥女迎接过来，有一会儿后，郑家一家人都到了，车马阵势壮观。当下商量妥当后，就翻检历书挑选日子，说是后日大吉，因此与卢生定下婚事。姑母说：“聘金、信函、礼物，这些你不必担心，我都会准备好。你在城中有什么亲戚故交，一并将名字、姓氏及门第抄来。”总共三十多家，都是在台、省及府县中做官的。次日下函邀请亲友，晚上卢生结婚。婚事华美盛大，几乎不像人间所有。第二天开办宴席，盛大地宴请京城中的亲戚。拜礼完成后，卢生就进入一座院子，院中使用的屏帷床席，都是珍贵少见的。妻子年龄大概十四五岁，容颜秀美，宛若天仙，卢生心中不胜欢喜，于是忘记了家人。不久后又到了乡试

的时间了，姑母对卢生说："礼部侍郎与我是亲戚，一定会极力相助成全，不用忧心。"第二年春天卢生果然高中举人。又应博学宏词科，姑母说："吏部侍郎与儿子弟是本家，又在一起做官，情分融洽，请他从中帮忙，你一定会考中。"等到发榜，卢生又名列前茅，官授秘书郎。姑母又道："河南尹是我的堂外甥，我会让他保奏你做京城附近的县尉。"数月之后，卢生被任命为王屋县尉，不久升任监察御史，又任殿中侍御史，之后官拜吏部员外郎，并掌判南曹。朝廷考评后，任命为郎中，其余升迁依照旧例。任知制诰数月后，即实授礼部侍郎。任知贡举的两年中，卢生赏鉴人才平允公正，朝廷对其多有称赏，于是改任河南尹。不久遇到皇帝回京，卢生升任兵部侍郎，随之到京后，被授京兆尹。又改任吏部侍郎，掌管吏部的三年，卢生甚有美名，于是官拜黄门侍郎兼同中书门下平章事。皇帝对他恩宠优渥，赏赐丰厚，担任宰相五年。后因直言进谏忤逆圣意，被贬为左仆射，罢免参知政事之职。数月之后，又改任东都留守、河南尹兼御史大夫。自结婚

后，至此有三十年，育有七男三女，均已婚嫁、入仕，有孙子外孙十人。后来卢生因事外出，到了当年遇见带樱桃的青衣女子的寺院，又见院中有人讲学，于是下马礼谒。以前宰相之尊，东都最高官员之重，人流前驱后随，场面极为显赫，简傲高贵，辉映左右。登殿拜佛时，卢生忽然昏迷过去，良久不起。等到梦醒来，才见自己身穿白衣，服饰依旧，前后相拥的官员，无影无踪。彷徨迷惑间，卢生慢慢走出寺门，只见小厮牵驴拿帽站在门外，对他抱怨："人和驴都饿得厉害，少爷为什么这么久不出来啊？"卢生询问时间，小厮回答："已经快到中午了。"卢生骑驴回去时，看见寺院墙内有数枝樱花，繁密茂盛，还没有结果。卢生怅惘地叹息："人世间的困顿显达，富贵贫贱，也不过是这样。从今以后，我不再追求仕途通达了。"于是，他便去寻仙访道，在人世不见踪迹了。

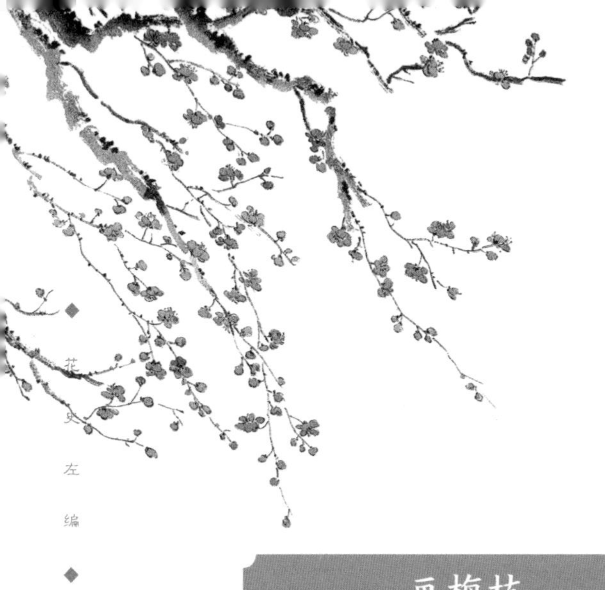

画梅枝

乐平程念斋当初登船北上参加会试，一天夜里，梦到有人携带画有一枝梅花的扇面，自己在扇面题诗道:“谁把枯根纸上栽，琼花错落带晴开。天公预报春消息，占断江南第一魁。”醒来后他欢喜不已，第二年果然高中会元，官授翰林院编修。程念斋去世时没有子嗣，人们说“枯根”之言竟是一语成谶。

五色笔花

江淹曾梦到笔头生花，从此文思比日精警，后来夜宿一座驿站中，又梦到一位美男子自称是郭璞，说："我有一支五色笔在你这里，应当归还了。"江淹掏出怀中的五色笔给他，自此写诗就没有好句子，所以世人传说江淹才尽。

梦花附

靖州的土特产，绥宁出产。花茎像藤，花色黄白，丛条非常细狭，俗语说："有做梦失去记忆的人，将花缝在衣服上就能记起来。"

花史左编

花之事

雅趣小书

满山花

《孙公谈圃》记载：石曼卿任海州通判时，因为这里山岭高峻，道路不通，又没有花卉点缀装饰，于是用泥包裹桃核，抛掷在山岭中。一二年后，满山桃花盛开，烂漫如锦绣。

花悟道

志勤禅师在沩山，因为看见桃花灼灼而悟道，作偈语道：“自从一见桃花后，三十年来更不疑。”

芳美亭

钱伸仲在锡山住所建造芳美亭，栽种桃树数百上千株，蔡载作诗说：“高人不惜地，自种无边春。莫随流水去，恐汙世间尘。”

满县花

潘岳任河阳令时，在全县栽种桃树、李树，号称河阳满县花。

花五里

茅山乾元观的姜麻子，是阎蓬头的弟子。他夜晚缝补衣服，从扬州乞讨回数石烂桃核，在明月下种在空旷的山野中，不畏豺虎。此后，从茶庵到乾元观，沿途五里多路，桃花烂漫。

绿耳梯

江南后主的弟弟宜春王李从谦，常常春天与妃子随后主在宫中后花园游玩。妃子的侍女看到桃花开得灿烂，就想折一枝，但无奈花枝太高，随从的宦官去拿彩梯。时逢李从谦正骑骏马击球，就策马奔至桃花下，痛快地采摘桃花，回头对嫔妾说："我的绿耳梯怎么样?"

消恨

唐明皇在桃树下宴饮，感叹道："不仅萱草能使人忘掉忧愁，这种花也能消除怨恨呢。"

红霞

唐代刘禹锡贬为朗州司马，十年后被召回京城，恰逢玄都观中道士栽种的桃花盛开，满观灿若红霞，于是写诗道："玄都观里桃千树，尽是刘郎去后栽。"不久刘禹锡再次贬谪出京，任州牧十四年后，回京被授主客郎中。再游玄都观时，桃树无一存活，因此有"种桃道士归何处，前度刘郎今又来"的诗句。

名花国色

唐开元年间，宫中刚开始种植牡丹时，得到四株，种在兴庆池东的沉香亭前。适逢牡丹花开放，唐明皇传召杨贵妃赏花，命李白作诗三首，第三首道："名花倾国两相欢，长得君王带笑看。解释春风无限恨，沉香亭北倚阑干。"

木芍药

《花谱》记载：唐人称牡丹为木芍药花。

殷红一窠

唐会昌年间，有数位朝廷官员，寻花到了慈恩寺，寻遍僧舍。当时东廊院中的白牡丹花惹人怜爱，官员们相互倒酒而坐，因而说："牡丹花没有深红色的。"院主老僧听后微笑道："怎么会没有呢，只是各位贤俊没有见过罢了。"几位官员不停地请求一观，老僧问："各位贤俊想看红牡丹花，能够保证不泄露给他人吗？"官员们纷纷发誓说："终生不再说起。"老僧才领他们到一座院中，有一株殷红色的牡丹花，枝叶纷披，花差不多有千朵，花姿艳丽，半开半掩间，令人赏心悦目。官员们惊喜不已，观赏留恋不舍，直到晚上才离开。两天后，有权贵子弟到

寺院，领着老僧在曲江畔散步。将要出门时，让小厮将茶箱在寺中寄存好，并用黄帕包裹。在曲江岸边席草而坐时，忽然弟子奔跑前来，说：“有几十人到院中挖掘红牡丹花，禁止不了。”老僧垂头无话，只是哀叹不已，坐中权贵子弟只是相视而笑。不久，回到寺院门口，看见有人用大畚箕装着那株红牡丹花，抬着离开。权贵子弟才慢慢对老僧说：“私下得知贵院有旧时名花，家中都想见识一下，因为担心难以割舍，就不敢提前告知。刚才寄存贵院的笼子中有三十两金子、二斤蜀茶，以表谢意。”

琼岛飞来

南宋淳熙年间，如皋桑子河边的紫牡丹没有花种却自然长出，有权贵之人想要将花移植走，挖掘时发现像剑的石头，上面写道“此花琼岛飞来种，只许人间老眼看。”因此乡中老人的生日如逢牡丹花开，一定会到花旁设宴庆寿。只有李嵩因为生日是在三月初八，从八十岁开始赏花，直到一百零九岁去世。

紫金盏

唐玄宗在内殿赏花时，问程正巳：“京城中传唱的牡丹花诗，谁居第一？”程正巳回答：“是李正封的诗：国色朝酣酒，天香夜染衣。”当时杨贵妃正得宠幸，唐玄宗因此对她说：“你在妆镜台前喝一紫金盏酒，就能看到李正封诗中所说的神态了。”

参军数

诸葛颖精通卜算之术，晋王杨广引荐其任参军，对他非常亲近器重。一天两人坐在一起，晋王说："我卧室中牡丹花盛开，你试着卜算一下花数。"诸葛颖手持算具，拨弄了一二个子，说："牡丹花开了七十九朵。"晋王入卧室，关上门，屏退左右数了一下，正好与诸葛颖说的数目相合。但是有两朵花蕊即将开放，于是他就倚靠着阑干看传记等候，看了不到数十行字，两朵花蕊绽放。晋王出来问诸葛颖："你卜算的没有差错吧？"诸葛颖再挑动一二个子，答道："我错了，应该是九九八十一朵花。"晋王将实情告诉他，宾主尽欢而散。

碎锦坊

《曹林异景》记载：裴度在午桥庄中有片银杏林，说是栽有银杏一百株，将那里命名为碎锦坊。

杏花村

《古今诗话》记载：徐州古豊县朱陈村的杏花绵延一百二十里，苏东坡有诗道：“我是朱陈旧使君，劝农曾入杏花村。而今风物那堪画，县吏催钱夜打门。”

杏坛

《庄子·渔父》记载：孔子周游列国时遇到一片繁茂的树林，就坐在河边的高处休息。弟子们在旁边读书，孔子一边弹琴一边吟唱。

探春宴

《唐摭言》记载：神龙以来，唐代新科进士首次在杏花园聚会，称为探春宴。宴饮时年轻的两位为众人采花，让他们遍游名园，如果其他人先折得花，这两人都将受罚。

春光好

唐明皇在侧殿游赏，看到柳、杏将要吐芽，便感叹："对着这样的景物，不能不欣赏。"于是，他命高力士取来羯鼓，对着长廊纵意击打，演奏一支曲子，取名为《春光好》。回头再看时，柳、杏都已发芽，便笑道："这件事不称我为天公，可以吗？"

扬州廨

梁代何逊任扬州法曹时，府衙檐下有一枝梅花盛开，何逊咏吟花下。后来住在洛阳，因思念那树梅花，何逊再次请求任职扬州，被准许。抵达扬州时正逢梅花盛开，何逊终日与花优游相对。

逢驿使

南北朝的范晔与陆凯相交友善，陆凯在江南折一枝梅花，托驿使带到长安送与范晔，并赠诗道："折梅逢驿使，寄与陇头人。江南无所有，聊赠一枝春。"

榔树梅

太和山中有榔树梅，相传真武帝君折梅枝插在榔树上，发誓说："如果我修道成功，梅枝就会开花结果。"之后，竟然如他所说。

罗幕

李煜曾在宫中，用嵌金丝布制成丝罗帐幕，在帐外栽种梅花，于花间建造三座亭子，常与宠妾周氏在亭中对饮。

绿英

李白游览慈恩寺时，僧人赠他绿英梅。

洗妆

洛阳梨花盛开时，许多人携酒到树下，说是为梨花梳洗打扮，有人甚至买下梨树。

香来玉树

侯穆素有诗名，寒食节到郊外春游时，遇见几位少年在梨花下饮酒，侯穆拱手行礼入座，众人都嘲笑他。有少年说："能作诗的人才有酒喝。"于是就以梨花为题，侯穆吟道："共饮梨花下，梨花插满头。清香来玉树，白蚁泛金瓯。妆靓青娥妒，光凝粉蝶羞。年年寒食夜，吟绕不胜愁。"众人都搁笔叹服。

压帽

梨花盛开时候，梁绪折花簪于发上，多到压损帽檐，头不能抬。

五恨

《冷斋夜话》记载：彭渊材说："我平生没有什么遗憾的，所遗憾的只有五件事。一是鲥鱼多刺，二是金橘大多味酸，三是莼菜味性偏冷，四是海棠花没有香气，五是曾巩能写文章却不能写诗。"

睡未足

《杨妃传》记载：唐明皇曾召见杨贵妃，贵妃酒醉刚睡醒，唐明皇说："这是海棠花没有睡饱啊。"

饮海桥

《冷斋夜话》记载：秦观在黄州时，在海桥饮酒，桥南北有许多海棠花，有的有香味。

花首题

宋真宗作后苑杂花十题，将海棠花列为首位，左右侍臣纷纷唱和。

金屋贮

石崇看见海棠花，叹息道："你如能散发香味，一定建造金屋贮藏。"

载酒饮

韩持国虽然刚毅果断，操守坚定，风节凛然，但情致风流，远超同辈人。许昌崔象之侍郎的旧府第，现今为杜君章所有，厅后的小亭仅有一丈多宽，种有两株海棠树。每逢海棠花开，韩持国就载酒而来，每日在花下痛饮，直到花谢尽后才离去，每年都已成为常事，至今旧时官吏还会说起。

泛湖赏

范成大每年携家人乘舟游湖，赏海棠花。

剪去子

《琐碎录》记载：等海棠花凋谢结果后，将果实剪去，第二年花会开得繁茂而不长叶子。

登木饮

徐俭安贫乐道，隐居药铺中，家中栽种海棠树，在树上构建房屋，若有客人来访，便领着他们攀到树上饮酒。

如杜梨

《花木录》记载：南海棠木性无异常之处，唯独枝干多弯曲，数数有刺，像杜梨花，也很繁盛，花开得稍早。

白莲社

慧远住在庐山，与刘遗民结白莲社，写信招陶渊明前来。陶渊明回信说："如果允许我喝酒，就马上前去。"

双莲

宋文帝元嘉年间，乐游苑天泉池中莲花同干而生。泰始年间，一对瑞莲并蒂开花，生于同一枝茎上，长在豫州鲤湖中。

东林植

谢灵运到东林寺，改译《涅槃经》，并开凿水池，在池中种植白莲花。

破铁舟

韩愈登华山莲花峰回来后，对僧人说：“峰顶有水池，荷花盛开，惹人怜爱。池中还有残破的铁船。”

万荷蔽水

宋神宗时，宦官宋用臣完成皇宫后花园中瑶津池的开凿，请皇上第二天来赏莲花。次日，忽见池中荷花万朵，密密遮蔽湖水，原来宋用臣一夜之间买来整个京城的盆植荷花沉在水下，皇上颇为赞许他的才能。

瓦盆分

宋孝宗在池中种植了一万支红色、白色的荷花，放在瓦盆中分开，排列水底，并时时更换新瓦盆，使之更加美观。

五枝芳

燕山窦禹钧的五个儿子都科举及第，冯道写诗赠他，说：“燕山窦侍郎，教子有义方。灵椿一株老，丹桂五枝芳。”

附春桂

王绩《春桂问答二首》：问春桂：“桃李正芬华。年光随处满，何事独无花？”春桂答：“春华讵能久，风霜摇落时，独秀君知否？”

桂柱

汉武帝时，昆明池中建有七间凌波殿，都是用桂树做柱子，有风拂过，清香自生。

花涧户

孟元老《东京梦华录》记载：重阳节东京城中观赏的菊花，有数种品类：有一种黄白色，花蕊像莲蓬的，名叫万龄菊；粉红色的，名叫桃红菊；白色却有浅红花蕊的，名叫木香菊；黄色且是圆形的，是金铃菊；纯白色且大朵的，称为喜容菊。城中菊花无处不见，酒家都用菊花绑扎成门户。

消祸

《续齐谐记》记载：汝南人桓景跟随费长房学习多年，一天费长房忽然对他说："九月九日你家中会有灾祸，可以马上回去，让家人缝制绛色佩囊，装入茱萸系在手臂上，登到高处，喝菊花酒，灾祸才可以消除。"桓景依照他说的，全家登到山上，傍晚回来，看见牛羊鸡犬都已暴病死亡。

丽草

晋代傅统妻子的《菊花颂》道："英英丽草，禀气灵和。春茂翠叶，秋曜金华。布濩高原，蔓衍陵阿。扬芳吐馥，载芳载葩。爰拾爰采，投之酿酒。御于王公，以介眉寿。"

菊道人

亳社吉祥僧刹中，有僧人诵读《华严》大典，忽然一只紫兔自己跑来，很温驯地伏着不走，随僧人安坐或起立，听经坐禅。只以菊花为食，喝清泉水，僧人称它为菊道人。

土贡

《九域志》记载：邓州南阳郡向宫中进贡的土特产，是三十斤白菊。

插满头

唐代《辇下岁时记》记载：重阳节那天宫中争相佩插菊花，民间风俗尤其盛行。杜牧有诗说："尘世难逢开口笑，菊花须插满头归。"又有诗道："九日黄花插满头"。

献寿

《唐书》记载：李适任修文馆学士，凡是天子宴会、外出巡视，只有宰相和学士得以相从。天子秋天登慈恩寺塔时，李适献菊花酒祝寿。

候时草

《风土记》说："精、治蘠，都是菊花花茎的别名。依水生长，菊花绽放得明亮动人，霜降时节，只有这种植物繁茂。九月万物凋零，民俗中盛行在重阳佩用菊花，是等候时节的植物。"

秉兰

郑国有一个风俗，上巳节在溱水和洧水边，为亡灵招魂续魄，手持兰草，如拔去就不祥。

握兰

汉代尚书郎每次入朝觐见，怀中要装香料，手中握兰花，口中则含鸡舌香。

暗麝着人

苏轼贬谪儋州，看到黎族女子争相头簪茉莉花、口含槟榔，开玩笑在案几间写道：“暗麝著人簪茉莉，红潮登颊醉槟榔。”

舞山香

汝阳王李琎曾戴着一顶砑绡帽奏曲，皇帝亲自摘了一朵红槿花，放在他的帽檐上，两者都极为光滑，试了很久才放稳。李琎奏完一曲《舞山香》，红槿花却没有坠落，皇帝非常高兴，赐他一厨金器。

洗手花

宋朝时，汴京城中称鸡冠花为洗手花。中元节前，常有儿童叫卖鸡冠花，家家户户买来供奉祖先。

胭脂染

解缙曾在皇帝身边侍候，皇帝命他作诗咏鸡冠花，解缙道："鸡冠本是胭脂染"，皇帝忽然从袖中拿出一枝白鸡冠花，说："是白色的。"解缙应声而续："今日如何浅淡妆？只为五更贪报晓，至今戴却满头霜。"

房多子

《北史》记载：北齐安德王高延宗娶赵郡李祖收之女为妃，李妃之母特地进献了两颗石榴给皇帝，群臣都不知何意，对石榴颇为轻视。皇帝问魏收，魏收答："因为石榴果多子，安德王新娶妃子，妃子的母亲想让子孙昌盛。"皇帝听后非常欢喜。

九花

苏辙栽种在盆中的菖蒲，忽然长出九朵花。

一点红

《直方诗话》记载：王安石任内翰林学士时，翰林院花园中有一丛石榴树，枝叶非常繁茂，却只开一朵花。当时王安石写有诗道：“万绿丛中红一点，动人春色不须多。”

蠲忿

《本草》记载：晋代嵇康在屋前栽种合欢，曾说：“想要消除人的忿怒，就赠他青裳。”青裳即是合欢。

双陆赌

《西阳杂俎》记载：南朝梁时豫州掾属用双陆赌钱，钱输完了，就用金钱花补足。鱼弘说，得金钱花胜过得金钱。

花史左编

花之人

雅趣小书

花师

洛阳人宋单父，字仲孺，善于吟诗，也擅长种植技艺。凡是他栽培的牡丹，能变异出上千种类，红、白花朵竞相绽放，人们也不知道他的方法。太上皇召宋单父到骊山，栽种了万株牡丹花，千姿百态。于是赏赐他黄金千余两，宫女都尊称他为花师，这也是不像人世所有的绝技了。

花媒

李冠卿家中有一棵杏树，花开得繁盛却从不结果，适逢一位媒婆经过看见了，笑着说："来年春天我给这棵杏树做媒。"深冬的一天，媒婆忽然带着一樽酒前来，说是迎娶的礼酒，并索要了一条处女穿过的裙子系在杏树上，洒酒在地，祷告再三后离去。第二年，杏树果真结果无数。

花医

苏直善于医治花卉，使瘦弱的变得肥壮，患病的使之健康，当时的人纷纷称他为花太医。

花妾

唐代李泌之子有两位名叫绿丝、碎桃的妾，善于栽种花卉，凡是经她二人之手栽培的花，没有不成活的。

花姑

魏夫人的弟子善于栽种花卉，号称花姑，有诗道“春圃祀花姑”。

按：花姑姓黄，名令媛。

花翁

孙惟信，字季蕃，在宋朝做官，宋光宗时弃官隐居西湖。长于诗文，喜欢栽培花卉，自号花翁。虽然家徒四壁，但弹琴读书，安贫乐道如此。

花主

宋太祖一天到后花园赏牡丹花，传召侍妾，准备陈设酒宴。被召见的侍妾以生病为由推辞不来，再次传召，依然不来。太祖于是亲自折了一枝牡丹花，到侍妾的住处将花簪在她的发髻上。太祖临走时，侍妾就将花拿下来送还，太祖回头对她说："我辛勤取得天下，难道会被你一个女人挫败吗？"随即用佩刀砍去侍妾的手腕后离开。

二花

阮文姬将杏花插在发鬓，陶溥看见后，说："人面与花色恰似双艳。"

宗测

宗测春天在山谷中游玩，发现奇花异草，就采来系在衣带上，回家后将花草画下来，起名为聚芳图、百花带，时人多有仿效。

陈英

陈英隐居江南时，栽种梅树千株，每到梅花盛开时，花瓣坠落满地，恍惚间美如积雪。

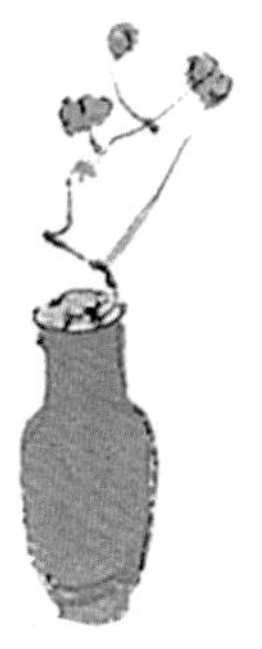

林逋

林逋，字君复，隐居西湖孤山，朝廷征召他做官，推辞不去。他在孤山边建造巢居阁，四周遍种梅花，吟诗歌咏，悠然自得，陶醉在湖光山色中，有时候通宵不回。

陶潜

晋代陶渊明任彭泽县令时，屋边菊花成丛，重阳节他出门，坐在路边采菊满把。刚好江州太守王弘让白衣吏送的酒到了，于是陶渊明在路边痛饮，直到醉后才归。

按：陶渊明喜爱菊花，总是对着菊花饮酒，吟诗歌咏直到日影西移。

司花女

隋炀帝摆驾洛阳，有人进献并蒂迎辇花，他命御车女袁宝儿拿着，称她为司花女。又命虞世南作诗，虞诗嘲笑道："学画乌鸦黄半未成。"

解语花

解语花刘氏尤其擅长唱慢词，廉野云招卢挚、赵孟頫在京城外的万柳堂饮酒。刘氏左手拿荷花，右手举着酒杯，唱"骤雨打新荷"之曲，坐中各位都非常欢喜。赵雪松为之赋诗，有"手把荷花来劝酒，步随芳草去寻诗"的句子。

王子猷

王子猷在终南山学道，曾到山谷中游玩，披着鹤氅服，乘坐白羊车，采来野花插在头上。看到的人想要追赶，他突然就不见了。

张茂卿

张茂卿喜好园艺，他家西园中有一座楼，四周差不多都种满了奇花异卉。他曾将牡丹嫁接在椿树梢，牡丹花盛开时，邀请宾客登楼玩赏。

陈从龙

陈从龙，字登云，是嘉鱼人。少时好学，每天夜里读书直到天亮，能作诗，住处四周都栽种了梅树，常常倚树唱歌。

陆龟蒙

张抟任苏州刺史时，在堂前种植了木兰花，曾于花盛开时招客宴饮，让人即席作诗咏木兰花。陆龟蒙后到，张抟接连为他斟酒，喝后就要醉了，勉强要来笔写了两句诗：“洞庭波浪渺无津，日日征帆远送人”，随即颓然醉倒。众人想接着写，却都不明白其中用意。不久陆龟蒙酒稍醒，续写道：“几度木兰舟上望，不知元是此花身。”于是此诗成为绝唱。

雅趣小书

花史左编

花之药

雅趣小书

百花

凤刚，是渔阳人。他常常采来多种花，放入坛中用水浸泡，再以泥封住坛口，在地下埋一百天后，取出煎为小丸。猝死的人，药丸吞入口中即可复活。

桃花

范仲淹的孙女患疯病，曾被关在一间房中，窗外有一棵大桃树，花正开得繁盛。一天夜里，她折断窗棂，爬上桃树，几乎将桃花吃尽，从此病就痊愈了。

秋葵

秋葵花用香油浸泡后，可以涂抹汤烫、火烧伤痕，立刻见效。

凤仙

凤仙花的花子可以入药，白颜色的尤其有效。

茱萸

泸州的宝山，一名泸峰山，山中多瘴气。人在三四月感染瘴气必死无疑，五月上旬感染就没有危害，当地人用茱萸泡茶喝，可以避免瘴气侵害。

鸡冠

白色的鸡冠花，可以治疗妇人的淋病。

栀子

栀子这种花，小而单瓣的，就会结出山栀果，可作药材。

郁李

郁李花，果实可以入药。

枳壳

枳壳花，它的种子非常微贱，种植在篱笆旁就能成活，果实可作药用。

菊水

《荆州记》记载：郦县北边有条菊水，岸边都是芬芳的菊花，近岸的水很甘甜可口。胡广长期患疯病，身体羸弱，喝了这里的水，病就痊愈了。

石瓜

乌撒军民府的特产，树上结出，坚硬如石头，对治疗心痛非常有效。

秋菊

晋代潘尼《秋菊赋》说：“垂采炜于芙蓉，流芳越乎兰林。”又说：“既延期以永寿，又蠲疾而弭痾。”

又

晋代傅玄《菊赋》说：“布濩河洛，纵横齐秦，掇以纤手，承以轻巾。……服之者长寿，食之者通神。”

又

《本草》记载：神农认为味苦的菊花可入药，名医认为是味甜的菊花入药，他们列举的都可以治病。大概神农说的是白菊花，名医说的是黄菊花。

又

《日华子诸家本草》说："菊花，可以治疗四肢游风，对通畅血脉和治疗头痛都有效果；作枕头可以明目，菊叶也能明目，无论生、熟都可以食用。菊花有两种，花瓣大而味道清香的是甘菊，花瓣小而香味浓烈的是野菊。虽是这样，但在菜园中将二者栽种肥沃后，会长成相同的体性。"

又

《神农本草》说："菊花，味道苦涩，主治头风、头眩、目泪出、恶风湿痹，长期服用可以益血气，使人身体轻健，延年益寿。"

又

《名医别录》说："菊花，味道甘甜，无毒，可治疗反复性腰痛，祛除胸中郁闷发热。"

又

苏东坡《仇池笔记》说："菊花，花蕊是黄颜色，香味平和中正，花、叶、根、实都是能使人长生的药材。北方随秋天到来的早晚，大概到菊叶变黄，菊花才会开放。在岭南，冬天到来时菊花才开得繁盛，气候温暖，百花开放没有固定的时节，而独有菊花后开。探究其中的道理，是菊花的体性刚介强烈，不与百花一同盛开凋谢，一定等到风霜降临时才绽放。岭南常常是冬天到来时有薄霜，仙姿如此高洁，菊花通仙灵也是应该的。"

又

《千金方》记载："常用九月九日采摘的菊花制作枕袋来枕头，对祛除头风和明目大有疗效。"陈钦甫《九日》诗说："菊枕堪明眼，茱囊可辟邪。"

白菊

陈藏器说："白菊味道苦，主治眩晕，能使人变白，不衰老，有益容颜。"杨损之说："菊花味甜的可入药，味苦的不能。"

甘菊

《玉函方》载有王子乔养颜延年的药方：甘菊三月上寅日采摘菊苗，叫玉英；六月上寅日采摘菊叶，叫容成；九月上寅日采摘菊花，叫金精；十二月上寅日采摘的，叫长生。长生，就是菊的根茎。将这四种一起阴干，一百天后，各取等分，捣杵千次后成末，每次用酒送服一钱七。或者将末炼熟后做成桐子大的蜜丸，用酒送服七丸，每日三次；服用百日后，会身体轻健有光泽，服用一年后，能令白发变黑；服用二年，牙齿脱落后能再长出，八十岁的老人可以返老还童，效果神奇。

莲花汁

《抱朴子·刘生丹法》记载：用白菊汁、莲花汁和丹药蒸，服用一年后，可增寿五百岁。

野蔷薇

野蔷薇有雪白色和粉红色两种，将花叶采摘来煎熬，疟疾患者服用后即可痊愈。

淡竹花

淡竹花花性最凉，叶子煎汤饮用，可治疗一切热病。

四季花

将枝叶捣碎成汁，可治疗跌打损伤，又名接骨草。

石合草

施州卫出产，它的苗绕树长藤，能治疗疮疖溃疡类疾病。

金星草

施州出产，金星草可治疗背部毒疮。

鼓子花

花开时像握紧不放的拳头，顶幔如同缸鼓，花色微蓝而漂亮，又能入药。

水红花

将它的花叶煎熬成汁，用来洗脚，治疗奇痒绝佳。

龙牙草

龙牙草，高达二尺，春夏时节采摘来，可治疗小儿痢疾。施州出产。

金稜藤

金稜藤，有叶子但不开花，可治疗筋骨痛。

蒌叶藤

云南出产，藤叶如葛蔓攀附在树上，果实可制酱，就是《汉书》中所说的蒟酱。果实像桑葚，皮黑肉白，味道辛辣，与槟榔同吃，可抵御瘴气。

双鸾菊花

花根可以入药，名叫乌头。

附白花蛇

南阳府出产，黄州也产，头顶有方胜纹，尾巴上有指甲，长一尺多，捕来做药材能治疗风疾。

苦药子

重庆府忠州出产，性寒，服用后可解一切毒。

花之毒

雅趣小书

花史左编

凌霄花

蔓生植物，开黄花，用来盘饰大石，似乎也很好看。但凌霄花能使人堕胎，有时在清晨抬头看花，花中露水滴落眼中，会使人失明。

萱花

俗名鹅脚花，有三种：单瓣花的，可以食用；千瓣花的，食用后能毒杀人；只有像蜂蜜色的，味道清香，花叶鲜嫩，到深夜更是清香可供赏玩。我家园中这样的金萱最多，虽也是千瓣花，但摘来做宴饮的食物，已经觉得很平常了，长年食用，也不见中毒，应该是其他种类。

茉莉花

古人诗中有“茉莉异香含异毒”的句子，说有异毒，那么茉莉花是不适合用来点茶的。我旧时听说想要得到茉莉花的香味，可将其浸在井中，花用水覆盖，在杯中放一晚。客人到来，往茶杯中滴入少许井水，虽不见花，而茉莉的香味已充盈满屋了。然而老人说，喝了之后患肚涨发虚的疾病，那么这花难道应该尝试吗？

羊踯躅

生长在山中，花朵大如酒杯，与萱花相类似，黄颜色。山羊食用后，就会踯躅蹒跚死去，有的人说羊食用后会患类似癫痫的病。

蜡梅花

有人说蜡梅花人们大多喜爱它的香味，但这种花只可远闻，不能凑近闻；凑近闻就会头痛，尝试后果然不错。

紫荆花

有人说这种花放入鱼汤及饭中，能毒杀人，应当防范。

真珠兰

真珠兰，又名鱼子兰，叶子食用后能断人肠。

杏花

《花谱》中说："杏仁有毒，必须要让它在极度的高温下蒸烤，直到仁心没有白色才可以食用。"

野菊

《牧竖闲谈》说："四川人大多种植菊花，因为苗可以做菜，花可以入药，故而园中都有栽种。乡下农人大多采摘野菊花卖给药店，这是很大的错误，真菊能使人延年益寿，而野菊会使人腹泻。"

附瓶花

忌将插过花的水入口，凡是插过花的水都有毒，而梅花、秋海棠这二种的毒尤其厉害，必须严密防范。

花史左编

原文

雅趣小书

读《花史》题词

吾家田舍在十字水[①]中，数重花外，中设土剉[②]、竹床及三教[③]书，除见道人外，皆无益也。独生负花癖，每当二分[④]前后，日遣平头长[⑤]须移花种之，犯风露，废栉沐[⑥]。客笑曰："眉道人[⑦]命带桃花。"余笑曰："乃花带驿马星[⑧]耳。"幽居无事，欲辑

【注释】

① 十字水：二水交汇如十字。一说为地名，在今上海松江境内。

② 土剉（cuò）：即土锉，炊具，即今之砂锅。

③ 三教：指儒、释、道三家。

④ 二分：春分、秋分，为种花时节。

⑤ 平头长须：借指仆人。

⑥ 栉沐：梳洗。

⑦ 眉道人：即陈继儒（1558—1639），字仲醇，号眉公、麋公，松江华亭（今上海松江）人，明代文学家、书画家。《明史》有传。

⑧ 驿马星：八字命理术语，意指命中多劳碌奔波。此处谓花注定被移植。

花史传示子孙，而不意吾友王仲遵先之。其所撰《花史》二十四卷，皆古人韵事，当与农书、种树书并传。读此史者，老于花中，可以长世；披荆畚砾[①]，灌溉培植，皆有法度，可以经世[②]；谢[③]卿相灌园[④]，又可以避世，可以玩世也。但飞而食肉者，不略谙此味耳。

陈继儒题

【注释】

① 披荆畚（běn）砾：劈去荆棘，用畚装沙石，比喻清除障碍，克服重重困难。

② 经世：经邦济世，此说种植花木之术可作为治理国家的借鉴。

③ 谢：谢绝。

④ 灌园：从事田园劳动，后指退隐家居。

有野趣而不知乐者，樵牧是也；有果窳[1]而不及尝者，菜佣牙[2]贩是也；有花木而不能享者，达人贵人是也。古之名贤，独渊明寄兴，往往在桑麻松菊、田野篱落之间；东坡好种植，能手接花果。此得之性生，不可得而强也；强之，虽授以《花史》，将艴然[3]掷而去之。若果性近而复好焉，请相与偃[4]曝林间，谛[5]看花开花落，便与千万年兴亡盛衰之辙何异？虽谓“二十一史”，尽在《左编》一史中可也。

眉道人陈继儒又题

【注释】

① 窳（yǔ）：腐坏，瘠弱。

② 牙：即牙商，古代商品买卖的中间介绍人。

③ 艴（fú）然：恼怒生气的样子。

④ 偃（yǎn）：仰面而躺。

⑤ 谛：仔细。

自识[1]

丁巳[2]年，予《花史》成。冬十一月四日夜，梦迅雷从内庭起，轰烈满天。既觉[3]而异之，曰："此何征也？予将为实乎？瑾户[4]忍饥者久矣，于世无所求也，予将为实乎？事皆千万祀[5]陈宿[6]，人人耳而目之，非予之所创也。然则何所饰，而何所惊耶？"客笑指曰："为此穷年劳顿，殊不解。"予曰："偶因一语自受其累，晋人某爱某花，曰：'他

【注释】

① 识（zhì）：记录。

② 丁巳：此处为明万历四十五年，即1617年。

③ 觉（jiào）：睡醒。

④ 墐（jìn）户：涂塞门窗孔隙，代指贫寒之家。

⑤ 祀：中国殷代指年。

⑥ 陈宿：陈旧。

年我若修花史，列作人间第一香。'[①] 予怜万花无主，遂委身从之耳。然予非花忠臣，亦非花良史，乃花说客也，欲令万万世诵[②] 花于无穷。花神恶我游说，当必震其霆怒，率领万花叩阙[③] 奏知。"

【注释】

① 此句出自宋人江奎《茉莉花》："灵种传闻出越裳，何人提挈上蛮航。他年我若修花史，列作人间第一香。""晋人"当误。

② 诵：通"颂"，颂扬。

③ 叩阙:扣击宫门，此处意指花神带领百花向天帝申诉不满。

④ 措躬无地：无处安放自己的身体，形容惶恐难安。

天帝鸣鼓以攻，予且措躬无地[4]；如其不然，当必以我为知己，故不觉惧声如雷耳。前者之梦意在斯乎？意在斯乎，然未可为痴人说也。阁[1]笔不觉喷饭满案，因私自识焉。

万历四十六年花朝，太原是岸生[2]题写

【注释】

① 阁：同“搁”。

② 太原是岸生：王路自号。

花史左编
花之瑞
雅趣小书

芍药花

广陵[①]有芍药，红瓣而黄腰，号金带围者，无种；有时而出，则城中当有宰相。宋韩琦守广陵，一出四枝，选客具宴。时王珪[②]为郡倅[③]，王安石为幕官，皆在选，而缺一。私念有客至，召使当之。及暮，报陈太傅升之[④]来，明日遂开宴。后，四公皆入相。

【注释】

① 广陵：今江苏扬州。

② 王珪（1019—1085）：字禹玉，成都华阳（今四川成都）人，北宋名臣。时称“三旨相公”，为文闳侈瑰丽。《宋史》有传。

③ 郡倅：郡佐，即郡守副职。

④ 升之：即陈升之（1011—1079），字旸叔，建州建阳(今福建建阳)人。宋神宗熙宁二年（1069）任同中书门下平章事、集贤殿大学士。《宋史》有传。

又

文渊阁芍药三本，天顺二年[①]盛开八花，李贤[②]遂设燕[③]邀吕原[④]、刘定之[⑤]等八学士共赏，惟黄谏[⑥]以足疾不赴。明日复开一花，众谓谏足当之。贤赋诗，官僚咸和，以为盛事。

【注释】

① 天顺二年：即1458年。

② 李贤（1409—1467）：字原德，邓（今河南邓州）人，明代名臣。英宗复辟后，入阁为相。《明史》有传。

③ 燕：通“宴”。

④ 吕原（1418—1462）：字逢原，号介庵，秀水（今浙江嘉兴）人，明代官员。博涉经史，擅文章。《明史》有传。

⑤ 刘定之（1409—1469）：字主静，号呆斋，江西永新人，明代官员。学问渊博，善文工诗。《明史》有传。

⑥ 黄谏（1403—1465）：字廷臣，号卓庵，又号兰坡，庄浪卫（今甘肃永登）人。明英宗正统七年（1442）探花，工诗文。

荷花

《格物丛话》[1]：荷花有重台[2]者，有双头者，世人指以为瑞。又有晓起朝日、夜入水者，名为睡莲。

杏花

汉东海都尉献杏一株，花杂五色、六出，云是仙人所食者。

瑞香

蜀孟知祥[3]僭位，召百官宴芳林园，赏红桃花，其叶六出。

【注释】

① 《格物丛话》：原书未见，作者不详，成书最晚应在1572年前。

② 重台：复瓣，多瓣。

③ 孟知祥（874—934）：字保胤，邢州龙冈（今河北邢台）人，五代十国后蜀开国皇帝。

又

庐山一比丘[①]昼寝盘石上，梦中闻花香酷烈，及既觉，寻求得之，因名睡香。四方奇之，谓花中祥瑞，遂以“瑞”易“睡”。

兰菊

晋罗含[②]，字君章，耒阳人。致仕还家，阶庭忽兰菊丛生，人以为德行之感。

莲花

关令尹喜[③]生时，其家陆地自生莲花，光发满室。

【注释】

① 比丘：梵语音译词，一般意译为乞士，俗称和尚。

② 罗含（292—372）：字君章，号富和，衡阳耒阳（今湖南耒阳）人。东晋哲学家、文学家，著有《更生论》《湘中记》等。《晋书》有传。

③ 尹喜：又名尹子，古籍中多记载为关令尹喜，字文公，号文始先生、文始真人。相传他任函谷关令时遇老子，得授《道德经》。

又

晋安王子懋[1]，武帝子也。年七岁时，母阮淑媛[2]病笃，请僧行道，有献莲花供佛者。子懋誓曰："若使阿姨[3]获佑，愿花竟斋如故。"七日斋毕，花更鲜红，视罂[4]中微有根须。母病寻[5]愈，世称孝感。

红栀

孟昶[6]十月宴芳林园，赏红栀花，其花六出而红，清香如梅。

【注释】

① 子懋（mào）：即萧子懋（472—494），字云昌，南朝齐武帝萧赜第七子，封晋安王。

② 淑媛：古代妃嫔称号之一。

③ 阿姨：古时子女会称庶母为"阿姨"或"姨娘"。

④ 罂（yīng）：一种大腹小口的容器。

⑤ 寻：顷刻，不久。

⑥ 孟昶（919—965）：字保元，五代十国后蜀高祖孟知祥子，后蜀末帝。

琼花

扬州后土祠琼花，天下无二本，绝类八仙[①]，色微黄而有香。宋仁宗、孝宗[②]皆尝分植禁苑，辄枯，载还祠中，复荣如故。

按：宋郊[③]在扬州，构亭花侧傍，曰“无双”。

异木

覃氏祖有一异木，四时开百种花，覃氏子孙歌舞其下，花乃自落，取而簪之。他姓人往歌，花不复落。

【注释】

① 八仙：指聚八仙，花名，与琼花相似。

② 孝宗：即南宋孝宗赵昚，1162年至1189年在位，期间较有作为，史称“乾淳之治”。

③ 宋郊：即宋庠（996—1066），初名郊，入仕后改名。北宋天圣二年（1024）状元及第。《宋史》有传。

菖蒲花

梁太祖[1]后张氏尝于室内，忽见庭前菖蒲花光采照灼，非世中所有。后惊视，谓侍者曰："汝见否？"曰："不见。"后曰："尝闻见者当富贵。"因取吞之，是月产武帝。

又

赵隐[2]之母蒋氏于山涧中，见菖蒲花大如车轮，傍有神人守护："勿泄，享其富贵。"年九十四，向子孙言之，言讫，得疾而终。

【注释】

① 梁太祖：即朱温（852—912），又名朱全忠、朱晃，五代梁朝开国皇帝。

② 赵隐：字彦深，南阳宛（今河南南阳）人，北朝北齐官员。《北齐书》有传。

旌节花

唐王处回[①]家居，有道士以花种贻之，曰："此仙家旌节花也。"后处回历二镇。

桃李

正德戊寅[②]冬，武宗[③]驾幸扬州，立春日满城桃李盛开，从臣奏瑞者不一。

梅梁

晋孝武太元三年[④]，仆射[⑤]谢安作新宫，太极殿欠一梁。有梅木流至石头城下，取用之，画梅花于梁上表瑞，因名梅梁殿。

【注释】

① 王处回（？—951）：字亚贤，彭城（今江苏徐州）人。后蜀孟知祥时任枢密使，孟昶时领武泰军节度使。

② 正德戊寅：即明正德十三年，公元1518年。

③ 武宗：即明武宗朱厚照，1505年至1521年在位，年号正德。

④ 太元三年：即公元378年。

⑤ 仆射（yè）：官职名，魏晋南北朝至宋时专指尚书仆射。

花史左编

花之情

雅趣小书

人面　桃花再生

唐崔护[①]清明游城南，见庄居桃花绕宅，扣门求浆。有女子启关，取水饮护，目注良久，如不胜情而入。明年复往，则闭户扃[②]锁，因题诗于左扉，曰："去年今日此门中，人面桃花相映红。人面只今何处去？桃花依旧笑春风。"后数日复往，闻哭声，问之，有老父出曰："君非崔护耶？君杀吾女！吾女笄年[③]未嫁，自去年以来，常恍惚如有所失。比日与之出，归见左扉诗，入门遂病，绝食数日而死。"崔为感动，诣灵前，举女尸而祝曰："某在斯。"须臾，女复活，遂谐伉俪。

【注释】

① 崔护（772—846）：字殷功，博陵（今河北定州）人。贞元十二年（796）进士及第，官终岭南节度使。《全唐诗》存诗六首，精练婉丽，语极清新。

② 扃（jiōng）：上闩，关门。

③ 笄（jī）年：古代女子成年，至十五岁可盘发插笄。

秋期菊蕊　私约

古有女子与人约，曰："秋以为期。"至冬犹未相从。其人谓曰："菊花枯矣，秋期若何？"女戏曰："是花虽枯，明当更发。"未几，菊更生蕊。

无瑕玉花　化物

无瑕尝着素桂裳折桂，明年开花，洁白如玉，女伴折取簪髻，号无瑕玉花。

沧州金莲　摇舞

沧州金莲花，其形如蝶，每微风则摇荡如飞，妇人竞采之为首饰，语曰："不戴金莲花，不得到仙家。"

寿阳梅花　点妆

宋武帝[1]女寿阳宫主，人日[2]卧于含章殿檐下，梅花落于额上，成五出之花，拂之不去，号为梅花妆。后之宫人皆效之。

指印红痕　弄脂

明皇时，有献牡丹者名杨家红，时贵妃匀面，口脂在手，印于花上。来岁花开，瓣上有指印红痕，帝名为一捻红。

紫荆花　兄弟

田真兄弟三人欲分财产，堂前有紫荆一株，花茂盛，夜议分为三，晓即憔悴。叹曰："物尚如此，何况人乎？"遂不复分，荆花复茂。

【注释】

① 宋武帝：即刘裕（363—422），字德舆，小名寄奴，南朝宋开国皇帝。寿阳公主为其女。

② 人日：旧俗农历正月初七。

并蒂花　男女

大名[①]民家有男女，私情不遂，赴水死。后三日，二尸互携而出。是岁，此陂[②]荷花无不并蒂。

点衣花　会心

玄宗幸[③]连昌[④]，见杨花点妃子衣，曰："似解人意。"

断肠花　怀人

昔有女子怀人不至，涕泪洒地，后其处生草，花色如妇面，名断肠花，即今秋海棠也

【注释】

① 大名：在今河北大名。

② 陂（bēi）：池塘。

③ 幸：幸临，指封建帝王到达某地。

④ 连昌：指连昌宫，唐代皇家行宫，在今河南宜阳县境内。

助娇花　簪折

《天宝遗事》[1]：明皇御苑，千叶桃花开，折一枝簪贵妃鬓髻，曰："此花亦能助娇。"

着忙花　萦系

《遯斋闲览》[2]云："槐花黄，举子忙。"夫花能令人着忙，花为人忙耶？人为花忙耶？不可不参。

【注释】

① 《天宝遗事》：即《开元天宝遗事》，唐五代王仁裕所著笔记小说，主要记叙唐开元、天宝年间逸闻遗事。

② 《遯斋闲览》：宋陈敏正（一作范敏正）撰笔记小说，内容多为作者平生所见所闻，原书久佚。

轻薄絮　笑语

陈后主与丽华游后园，有柳絮点衣，丽华谓后主曰："何能点人衣？"曰："轻薄物，诚卿意也。"丽华笑而不答。

解语花　比美

《天宝遗事》：太液池开千叶莲花，帝与妃子赏，指花谓左右曰："何似我解语花耶？"

花之味

雅趣小书

花史左 编

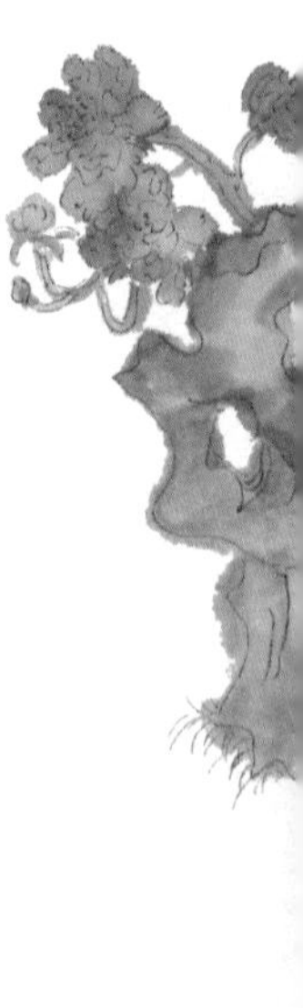

寒香沁肺

铁脚道人[1]尝爱赤脚走雪中，兴发则朗诵《南华·秋水篇》，嚼梅花满口，和雪嚥[2]之，曰："吾欲寒香沁入肺腑。"

艳烹酥

孟蜀时，李昊[3]每将牡丹花数枝分遗朋友，以兴平酥同赠，曰："俟花凋谢，即以酥煎食之，无弃艳。"其风流贵重如此。

【注释】

① 铁脚道人：即明代道士杜巽才，魏县人，曾采药衡山，编纂有《霞外杂俎》。一说指八仙中的铁拐李。

② 嚥：同"咽"。

③ 李昊（892—966）：字穹佐，历仕前后蜀，后蜀时官至门下侍郎兼户部尚书、同平章事。任蜀相十七年，穷奢极欲。《宋史》有传。

吞花卧酒

虞松方[①]春谓："握月担风，且留后日；吞花卧酒，不可过时。"

服竹饵桂

离娄公[②]服竹汁及饵桂，得仙。

杨花粥

洛阳人家，寒食煮杨花粥。

【注释】

① 方：正当，正在。虞松，未详。

② 离娄公：传说为黄帝时人，彭祖弟子，可百步之外明察秋毫。

莲花饮

雍熙[1]中，君房[2]寓庐山开光寺，望黄石岩瀑水中，一大红叶泛泛而下。僧取之，乃莲一叶，长三尺，阔一尺三寸。君房因分花叶，磨汤饮之，其莲香经宿不散。

分枝荷

昭帝[3]穿[4]淋池，植分枝荷，花叶虽萎（一作杂萎），食之口气常香，宫人争相含嚼。

碧芳酒

房寿六月召客，捣莲花，制碧芳酒。

【注释】

① 雍熙：宋太宗赵光义年号，984年至987年使用。

② 君房：即张君房，字允方，今湖北安陆人。北宋藏书家、道藏目录学家。

③ 昭帝：即汉昭帝刘弗陵，汉武帝幼子，公元前87年至前74年在位。

④ 穿：挖掘，开凿。

桃李花

崔元徽[①]遇数美人杨氏、李氏、陶氏，又绯衣少女石醋醋，又有封家十八姨来。石醋醋曰："诸女皆居苑中，每被恶风所挠，尝求十八姨相庇。处士[②]但于每岁旦[③]作一朱幡，图以日月五星之文，立之苑东，则免难矣。"崔果立幡，是日东风甚恶，而苑中花皆不动，方悟姓杨、李、陶皆众花之精，醋醋即石榴，封姨乃风神也。后数夜，杨氏辈复来，各制桃、李花数斗以谢，云服之可以却老。

榴花酒

崖州妇人以安石榴花着釜中，经旬即成酒，其味香美，仍醉人。

【注释】

① 崔元徽：唐传奇志怪小说《博异志》中的人物，唐天宝年间处士。

② 处士：古时称有德才而隐居不愿做官的人，后亦泛指未做过官的士人。

③ 岁旦：一年的第一天。

夜合酒

杜羔[①]妻赵氏每岁端午时，取夜合花置枕中，羔稍不乐，辄取少许入酒，令婢送饮，便觉欢然。

菊花

宋孺子入玉笥山[②]，食菊花而乘云上天。

菊花酒

汉宫人采菊花并茎，酿之以黍米，至来年九月九日熟而就饮，谓之菊花酒。

落梅菜

宪圣[③]时每治生菜，必于梅下取落花以杂之。

【注释】

① 杜羔（？—821）：今河北魏县人，唐贞元五年（789）进士。

② 玉笥山：在今江西峡江县东南，道教名山。

③ 宪圣：即宪圣皇后（1115—1197），吴氏，宋高宗赵构第二任皇后。

百花食

偓佺① 尝采百花以为食，生毛数寸，能飞，不畏风雨。

百花糕

唐武则天花朝日游园，令宫女采百花，和米捣碎蒸糕，以赐从臣。

【注释】

① 偓佺：神话传说中的仙人。

花浸酒

杨恂遇花时，就花下取蕊，粘缀于妇人衣上，微用蜜蜡兼挼[1]花浸酒，以快一时之意。

吸花露

太真宿酒初消，多苦肺热，尝凌晨独游后苑，傍花树，以手攀枝，口吸花露，藉以润肺。

玉兰瓣

玉兰花瓣择洗精洁，拖面[2]，麻油煎食，至妙至美。

【注释】

① 挼（ruó）：揉搓。

② 拖面：一种烹食方法，将菜类等放入面粉搅成面糊。

牡丹花

牡丹花煎法与玉兰同，可食，可蜜浸，玉兰亦可蜜浸。

郫筒酒

山涛[①]治郫时，刳[②]大竹酿酴作酒，兼旬[③]方开，香闻百步外，故蜀人传其法。

五佳皮

取其皮阴干，囊之入酒，能使人延年去疾。叶有五尖者佳。

【注释】

① 山涛（205—283）：字巨源，今河南武陟人，魏晋文学家，“竹林七贤”之一。《晋书》有传。

② 刳（kū）：从中间破开挖空。

③ 兼旬：二十天。

丝瓜花

梅卤浸可点茶，新摘烹食味鲜，与瓜味并美。

桃花饮

《太清诸卉木方》[1] 曰："酒渍桃花而饮之，除百病，好容色。"

换骨膏

唐宪宗[2] 以李花酿换骨膏，赐裴度[3]。

【注释】

① 《太清诸卉木方》：亦名《太清诸草木方》《太清草木集要》等，南朝梁陶弘景撰。

② 唐宪宗：名李纯，805年至820年在位，期间励精图治，史称"元和中兴"。

③ 裴度（765—839）：字中立，今山西闻喜人。中唐著名政治家，数度出镇拜相，封晋国公，世称裴晋公。

甘菊饮

唐风子饮甘菊而仙,甘菊原可点茶,又能清目。

栀子

有大朵重台者，梅酱蜜糖制之，可作美菜。

金雀

可采以滚汤，着盐焯过，作茶供[①]一品。

橙花

以之蒸茶，向为龙虎山进御绝品，园林宜多种、多收。

【注释】

① 茶供：满足饮茶者需要，犹饮茶。

玉簪

其花瓣拖面，入少糖霜并食，香清味淡，可入清供[1]。

慈菰

水中种之，每窠花挺一枝，上开数十朵，香色俱无，惟根秋冬取食，甚佳。

酴醿

蜀人取之造酒。

紫花

遍地丛生，花紫可爱，柔枝嫩叶，摘可作蔬，春时子种。

【注释】

① 清供：室内放置在案头供观赏的物品摆设。

萱花

惟蜜色者，可作蔬，不可不多种也。春可食苗，夏可食花，比他花更多二事。

凤仙

其枝肥大者可食，法详《遵生八笺》[1]。

桂酒

惠州博罗出，苏轼有颂。

芭蕉

中心一朵，晓生甘露，其甜如蜜。即常芭蕉亦开黄花，至晓，瓣中甘露如饴，食之止渴延龄。

【注释】

① 《遵生八笺》：明代高濂所撰养生专著，内容以养生延寿为主旨。

夜合花

根可食，一年一起，去其最大者供食，小者用肥土排之，如种蒜法。六七月买大种，上以鸡粪壅[①]之，则春发成，一干五六花。一种如萱花，红班[②]黑点，瓣俱反捲[③]，一叶瓣生一子，名回头见子花。茂者，干两三花，无香，亦喜鸡粪。其性与百合同，最贱，取其色好看；根亦与百合同，亦可食，味少苦，取种者辨之。

【注释】

① 壅（yōng）：用土或肥料培在植物的根部。

② 班：同“斑”，杂色。

③ 捲：同“卷”。

桂菊点茶

桂花卤浸或梅卤尤佳，点茶香先一室，菊英风[1]之入茶，为清供之最。有甘菊种更宜茶品，二花相为后先，然可备四时之用。

松子

《列仙传》[2]：文宾取[3]妪，数十年辄弃之。后妪老，年九十余，续见宾年更壮，拜泣："至正月朝，会乡亭[4]西社中？"宾教令服菊花、地肤[5]、桑上寄生[6]、松子以益气，妪亦更壮，复百余岁。

【注释】

① 风（fèng）：动词，吹拂之意。

② 《列仙传》：记述黄老神仙人物事迹的著作，旧题西汉刘向撰。

③ 取：同"娶"。

④ 乡亭：乡中公舍。

⑤ 地肤：植物名，嫩茎叶可食，老株可用来作扫帚，果实扁球形，可入药。

⑥ 桑上寄生：即桑耳，可入药。

紫菊

《宝椟记》[1]云："宣帝异国贡紫菊一茎，蔓延数亩，味甘，食者至死不饥渴。"

芦菔鲊[2]

唐冯贽《云仙散录》[3]引《蛮瓯志》，云："白乐天入关，刘禹锡正病酒[4]。禹锡乃馈菊苗齑[5]、芦菔，换取乐天六班茶[6]二囊，以醒酒。"

【注释】

① 《宝椟记》:宋无名氏撰志怪小说集，已佚。

② 芦菔鲊（zhǎ）：用面粉等加盐腌制的碎萝卜。芦菔，萝卜；鲊，泛指盐腌食品。

③ 《云仙散录》：又名《云仙杂记》，笔记小说集，旧题后唐冯贽著。内容多为逸闻轶事，亦涉神异灵怪、风土习俗等。

④ 病酒：饮酒过量而生病。

⑤ 齑（jī）：细切后用盐酱等浸渍的蔬果。

⑥ 六班茶：唐代名茶，产地似为江西庐山。

石崖菊

沈谱[①]云："旧日东平府[②]有溪堂，为郡人游赏之地，溪流石崖间。至秋，州人泛舟溪中，采石崖之菊以饮，每岁必得一二种新异之花。"

佳蔬

吴致尧《九疑考古》[③]云："舂陵[④]旧无菊，自元次山[⑤]始植。"沈谱云："次山作《菊圃记》，云：'在药品是为良药，为蔬菜是佳蔬也。'"[⑥]

【注释】

① 沈谱：指南宋沈竞所撰《菊谱》。

② 东平府：北宋宣和元年（1119）升郓州为东平府，府治在今山东东平。

③ 吴致尧：字佑文，一字圣任，今江苏丹阳人，北宋政和二年（1112）进士。

④ 舂（chōng）陵：在今湖南宁远县。

⑤ 元次山：即元结（约719—约772），字次山，今河南洛阳人，唐代文学家。

⑥ 元结《菊圃记》有"在药品是良药，为蔬菜是佳蔬"之句，此处稍有出入。

白菊酒

白菊酒法：春末夏初，收软苗阴干捣末，空腹取一方寸匕[①]和无灰酒[②]服之。若不饮酒者，但和羹、粥汁服之，亦得。秋八月，合花收，暴干，切取三大斤以生绢囊盛贮，浸三大斗酒中，经七日服之。今，诸州亦有作菊花酒者，其法得于此。

菊花末

《千金方》[③]：九月九日菊花末，临饮服方寸匕，主饮酒，令人不醉。

【注释】

① 方寸匕：古代量取药末器具，形状如刀匕。一方寸匕约十粒梧桐子大小。

② 无灰酒：不放石灰的酒。古人在酒内加石灰以防酒酸，但会聚痰，故药用须无灰酒。

③ 《千金方》：即《备急千金要方》，唐孙思邈所著中医学著作。

菊花酝[1]

《圣惠方》[2]云："治头风，用九月九日菊花暴干，取家糯米一斗蒸熟，用五两菊花末，如常酝法，多用细面。酒熟即压之去滓，每暖一小盏服之。"郭元振[3]《秋歌》云："辟恶茱萸囊，延年菊花酒。与子结绸缪[4]，丹心此何有。"

菊茶

郑景龙[5]《续宋百家诗》云："本朝孙志举[6]有《访王主簿同泛菊茶》诗，云：'妍暖春风荡物华，初回午梦颇思茶。难寻北苑浮香雪，且就东篱撷嫩芽。'"

【注释】

① 酝：酿酒。

② 《圣惠方》：即《太平圣惠方》，北宋王怀隐、王祐等奉敕编写，汇录两汉迄于宋初各代名方。

③ 郭元振（656—713）：名震，字元振，魏州贵乡（今河北大名）人，初唐名将、政治家。

④ 绸缪：情意殷切。

⑤ 郑景龙：字伯允，今浙江衢州人，约为南宋理宗时诗歌选家。

⑥ 孙志举：即孙勴（lü），字志举，江西宁都人。

菊苗茶

洪景严遵《和弟景卢迈月台诗》[①]云："筑台结阁两争华，便觉流涎过麴车[②]。户小难禁竹叶酒，睡多须藉菊苗茶。"

助茶香

唐释皎然[③]有《九日与陆处士羽饮茶》诗，云："九日山僧院，东篱菊也黄。俗人多泛酒，谁解助茶香。"陆放翁《冬夜与溥庵主说川食》[④]诗："何时一饱与子同，更煎土茗[⑤]浮甘菊。"或有以菊花磨细，入于茶中啜之者。

【注释】

① 此诗《全宋诗》中名为《和弟景卢月台诗》。

② 麴（qū）车：运酒的车。

③ 释皎然：即皎然（720—约800），俗姓谢，字清昼，今浙江吴兴人，唐代名僧。

④ 此诗《全宋诗》中名为《冬夜与溥庵主说川食戏作》。

⑤ 土茗：即土茶，泛指山野所产一般粗茶。

小甘菊

文保雍《菊谱》[①]中有《小甘菊》诗："茎细花黄叶又纤，清香浓烈味还甘。祛风偏重山泉渍，自古南阳有菊潭。"此诗得于陈元靓《岁时广记》[②]，然所谓保雍之《谱》恨未之识也。

【注释】

① 文保雍：生平事迹未详，北宋人，撰有《菊谱》，已佚。

② 陈元靓：号广寒仙裔、隐君子，福建崇安（一说福建建阳）人，约南宋理宗时人。

香木露

屈原《离骚》经“朝饮木兰之坠露兮，夕餐秋菊之落英。”王逸[①]注云：“言旦饮香木之坠露，吸正阳之津液；暮食芳菊之落华，吞正阴之精蕊。”洪兴祖[②]《补注》曰：“秋花无自落者，当读如‘我落其实，而取其华’[③]之‘落’。”又据一说云：《诗》之《访落》[④]，以“落”训[⑤]“始”也。意“落英”之“落”，为始开之花，芳馨可爱；若至于衰谢，岂复有可餐之味？

【注释】

① 王逸：字叔师，今湖北宜城人，东汉文学家。所著《楚辞章句》是《楚辞》最早的完整注本。

② 洪兴祖（1090—1155）：字庆善，号练塘，今江苏丹阳人。

③ 此句典出《左传·僖公·僖公十五年》：“岁云秋矣，我落其实，而取其材，所以克也。”

④《访落》：指《诗经》中《周颂·访落》。

⑤ 训：训诂，解释古文字义。

黄花

晋成公绥[1]《菊花铭》："数在二九[2]，时惟斯生。"又有《菊颂》曰："先民有作，咏兹秋菊。绿叶黄花，菲菲彧彧[3]，芳踰[4]兰蕙，茂过松竹。其茎可玩，其葩可服。"

【注释】

① 成公绥（231—273）：复姓成公，字子安，今河南滑县人，西晋文学家。

② 二九：指农历九月初九。

③ 彧彧：茂盛貌。

④ 踰：同"逾"。

花之忌

雅趣小书

花史左编

牡丹

北方地厚，忌灌肥粪、油籸[1]肥壅；忌触麝香、桐油、漆器；忌用热手搓磨摇动；忌草长藤缠，以夺土气伤花；四傍忌踏实，使地气不升；忌初开时，即便采折，令花不茂；忌人以乌贼鱼骨针刺花根，则花毙凋落。此牡丹之所忌也。

又　疗牡丹法

或有蛀虫、蛴螬[2]、土蚕[3]食髓，以硫磺末入孔，杉木削针针之，则虫自死。若折断捉虫，则可惜枝干矣。

【注释】

① 籸（shēn）：同“糁”，谷类制成的渣。

② 蛴螬（qí cáo）：金龟甲幼虫，喜食植物种子、根、茎及幼苗，危害极大。

③ 土蚕：即蛴螬。

水仙

起种犯铁器，永不开花。

瑞香

恶湿，畏日。宜用小便，可杀蚯蚓。或云宜用梳头垢腻，又云浣洗衣灰汁浇之，则花肥。盖瑞香根甜，得水浇，则蚯蚓不食。居家必用云漆渣，及鸡、鹅毛汁或浔猪毛汤浇，俱茂。最忌麝，触之即萎。有日色即盖之，不可露根，露之则不荣。若浇小便，以河水多灌，解小便之醎[1]。大抵香花怕粪，惟瑞香尤甚。

【注释】

① 醎：同“咸”。

玫瑰

其根傍新发嫩枝条，勿令久存，即宜植别地，则种茂不零落。

又 紫玫瑰花

种紫玫瑰多不久者，缘人溺浇之，即毙。种以分根则茂，本肥多悴。黄亦如之。

栀子

此花喜肥，宜以粪浇；然浇多太肥，又生白虱。

兰花 培兰四戒

春不出，宜避春之风雪。夏不日，避炎日之销烁。秋不干，宜干则就浇水。冬不湿，不令见水成冰。

又去除残虱一条：肥水浇花，必有虮[1]虱在叶底，坏叶则损花。如生此虫，即研大蒜和水，以白笔拂洗，叶上干净，虫自无矣。

【注释】

① 虮（jǐ）：虱卵。

菊花　却虫

夏至前后，有虫黑色硬壳，正名菊虎。晴暖出，见只在巳、午、未三时甚热之际，宜候除之。如被伤，即于伤处摘去，免秋后生虫。虎所伤必择壮土盛菊，四傍多种易壮盛贱种，以听[①]菊虎之患。牙虫[②]笼头，因菊有香，蚁上而粪之则生虫，虫长蚁又食之，则菊笼头而不长。见有如白虱者生，即以棕帚刷去。秋后觅虫，先认粪迹。有象干虫，其色与干无异，生于叶底，上半月在叶根之上干，下半月在叶根之下干。破干取之，以纸捻[③]缚之，常以水而润其纸条，花亦无恙。或用铁线磨为邪锋[④]之小刃，上半月扦蛀眼向上而搜虫，下半月在蛀眼向下而搜虫。菊蚁多，则以鳖甲置于旁，蚁必集焉，移之远所。菊枝生蟹虫，用桐油围梗上，虫自死。治菊牛，每朝活蟹捣碎洒叶上，自不至。治蚯蚓，用石灰水，灌河水解之。

【注释】

① 听：治理。

② 牙虫：即蚜虫。

③ 纸捻：以坚韧的纸条搓成的细纸绳。

④ 邪锋：即“斜锋”，倾斜锋利之意。

又　去蠹一条

害菊之物有六：一曰菊牛，二曰蚱蜢，三曰青虫，四曰黑蚰，五曰喜蛛，六曰麻雀。蚱蜢、青虫食其叶；黑蚰瘠其枝；喜蛛侵其脑；麻雀四月间作窠，啄枝衔叶。菊牛又名菊虎，有钳，状若萤火，菊之大蠹也。露未时停叶间，此际可寻杀之，但飞极快，迟则不及也。五六月内，绕皮咬咋[①]，产子在内，变为青虫，在此一叶，则一叶垂。凡折去之时，必须于损处更下一二寸，庶[②]免毒气攻及一树。以其损处劈开，必有一小黑头青虫，当捻杀之。黑蚰用线缠箸头，逐渐粘下，手捻杀之。喜蛛则逐叶去其丝。又防节眼内生蛀虫，用细铁线透眼杀虫。又，蚯蚓亦能伤根，用纯粪浇之，杀即以河水解之。

【注释】

① 咋（zé）：咬住。

② 庶：差不多，近乎。

玉兰花

此花忌水浸。

蔷薇

蔷薇性喜结屏，不可多肥。脑生莠虫[①]，以煎银店中炉灰撒之，则虫毙。

桂花

桂花喜阴，不宜人粪。

桂兰

此花最怕烟烬。

【注释】

① 莠虫：即油虫，飞虱、叶蝉一类害虫的总名。

附瓶花之忌 高深甫著

瓶忌有环，忌放成对，忌用小口、瓮肚、瘦足药坛，忌用葫芦瓶。凡瓶，忌雕花妆彩花架；忌置当空几上，致有颠覆之患，故官哥古瓶下有二方眼者，为穿皮条缚于几足，不令失损。忌香、烟、灯、煤熏触；忌猫、鼠伤残；忌油手拈弄；忌藏密室，夜则须见天日；忌用井水贮瓶，味鹹，花多不茂，用河水并天落水始佳。

附花祟[1]瓶史第七条

花下不宜焚香，犹茶中不宜置果也。夫茶有真味，非甘苦也；花有真香，非烟燎也。味夺香损，俗子之过。且香气燥烈，一被其毒，旋即枯萎，故香为花之剑刃。棒香、合香尤不可用，以中有麝脐[2]故也。昔韩熙载[3]谓："木樨宜龙脑，酴宜沉水，兰宜四绝，含笑宜麝，檐卜[4]宜檀。"此无异笋中夹肉，官庖排当所为，非雅士事也。至若烛气煤烟，皆能杀花，速宜屏去。谓之花祟，不亦宜哉？"

【注释】

① 祟：灾祸。

② 麝脐：雄麝的脐，麝香腺所在，借指麝香。

③ 韩熙载（902—970）：字叔言，今山东潍坊人。五代南唐官员、文学家。

④ 檐卜：檐卜花，产自西域，花甚香。

花史左编

花之运

雅趣小书

瓶花

宋南渡后，端午日以大金瓶遍插葵花、石榴、栀子，环绕殿阁。

偏安之景，岂能长久。

蜀葵

明成化甲午[①]，倭人[②]入贡，见蜀葵花不识，因问国人，绐[③]之曰："此一丈红也。"其人以纸状其花，题诗曰："花于木槿花相似，叶与芙蓉叶一般。五尺阑杆遮不住，特留一半与人看。"

胡越一家[④]之景，但非倭人口角。

【注释】

① 成化甲午：即明成化十年，公元1474年。

② 倭人：中国古代对日本人的称呼。

③ 绐（dài）：同"诒"，欺骗。

④ 胡越一家：比喻居地远隔者聚集一堂，犹言四海一家。

凤仙

宋时谓之金凤花，又曰凤儿花。慈懿李后[1]之生也，有鸑鷟[2]下仪之瑞，小名凤娘。迨正位[3]坤极[4]，六宫避讳，称曰好女儿花。

母仪天下，花与有荣。

【注释】

① 慈懿李后：即李凤娘（1144—1200），南宋光宗皇后，谥慈懿。

② 鸑鷟（yuè zhuó）：古代传说中的五凤之一，多被认为是一种瑞鸟。

③ 正位：正式登位、就职。

④ 坤极：皇后。

金钱

俗名夜落金钱，出自外国，梁时外国进，花朵如钱，亭亭可爱。昔鱼弘[1]以此赌赛，谓得花胜得钱，可谓好之极矣。

用夏变夷，是花运转处。人有梦秽者，应得钱，钱本秽物，今以得花胜之，似除秽，而名犹在。是夷可变，而秽终不变，可惜。

【注释】

① 鱼弘：今湖北襄阳人，南朝梁将领。为人恣意酣赏，搜刮百姓，时称“四尽太守”。

牡丹花

唐时此种独少，长庆[①]间，开元寺僧惠澄[②]自都下[③]偶得一本，谓之洛花。白乐天携酒赏之，唐张处士[④]有牡丹诗，宋苏子瞻有牡丹记。自古各家逸士，无不首爱此花者。

花以人为盛衰。

【注释】

① 长庆：唐穆宗李恒年号，821年至824年使用。

② 惠澄：即惠澄禅师，盛唐时北宗高僧，曾与王维、南宗高僧神会论禅。

③ 都下：京都，此处指洛阳。唐以洛阳为东都，长安为西都。

④ 张处士：即张祜，字承吉，今河北清河人，中唐著名诗人。

映山红

本名山踯花，类杜鹃，稍大，单瓣色浅。若生满山顶，其年丰稔。

山花应是田禾好友，否则何以丰歉同之？

菊花

崔实[①]《月令》[②]以九月九日采菊，而费长房[③]亦教人以是日饮菊酒以禳[④]灾，然则自汉以来尤盛也。

不若陶彭泽，东篱满握，独擅千古，于晋为尤盛。

【注释】

① 崔实（？—约170）：又名崔寔，字子真、元始，今河北安平人，东汉后期农学家、政论家。《后汉书》有传。

② 《月令》：即《四民月令》，东汉崔实所著叙述一年例行农事活动的书籍。

③ 费长房：东汉方士，今河南上蔡人。《后汉书》有传。

④ 禳（ráng）：去除。

争春馆

扬州太守圃中，有杏花数十畷[1]，每至烂开，张大宴，一株命一娼倚其傍，立馆曰争春。开元中，宴罢夜阑，人或云花有叹声。

宴赏时人花相映，至开元中，花何以独耽[2]冷落？

红梨花

峡州[3]署中有千叶红梨花，无人赏者。知郡朱郎中[4]始加栏槛，命坐客赋之。

花亦有侍，岂终寂寞？

【注释】

① 畷（zhuì）：田间小道。

② 耽：承受。

③ 峡州：今湖北宜昌市。

④ 朱郎中：即朱庆基，宋仁宗景祐二年（1035）以尚书虞部郎中知峡州，故称。

香海棠

昌州[①]海棠独香，其木合抱，号海棠香国。太守于郡前建香霏阁，每至花时，延客赋赏。

香名不衰，可无遗恨。

芍药

东武[②]旧俗，每岁于四月，大会于南禅、资福两寺，芍药供佛。最盛凡七千余朵，皆重跗[③]累萼。中有白花，正圆如覆盂，其下十余叶，承之如盘，苏轼易其名曰玉盘盂。

名下无虚，克副其盛。

【注释】

① 昌州：约在今重庆永川、大足、荣昌一带。

② 东武：在今山东诸城市。

③ 跗（fū）：花萼。

万花会

蔡繁卿[1]守扬州，作万花会，用芍药十万余枝。取数太多，目击者应发狂矣。

蔷薇花

《香谱》[2]：大食国[3]蔷薇花露，五代时藩使蒲何散[4]以十五瓶来贡。

露如此之多，花应几许？

【注释】

① 蔡繁卿：事迹不详，北宋人。

② 《香谱》：北宋洪刍撰香药谱录类专著，对历代用香史料、方法及合香配方广为收罗，并首创用香事项分类模式。

③ 大食（yì）国：唐、宋时对阿拉伯帝国的称呼。

④ 蒲何散：事迹未详。

水仙花

宋杨仲囦[1]自萧山致水仙一二百本，极盛，乃以两古铜洗[2]艺之，学《洛神赋》体，作《水仙花赋》。

水仙丰骨原佳，遇杨而益昌其族。

芙蓉花

《成都记》[3]：孟后主于成都城上种芙蓉，每至秋，四十里如锦绣，高下相照，因名锦城。以其花染缯[4]为帐幔，名芙蓉帐。

锦城至今如在，胜金谷锦帐七十里。

【注释】

① 杨仲囦（yuān）：事迹未详，宋代诗人。

② 铜洗：汉代盥洗用的青铜器皿，类似后世的洗脸盘。

③ 《成都记》：唐白敏中修，卢求纂，五卷，今佚。此书内容“总载成都所管十八郡及羁縻州道里远近事迹”，横排门类，纵记古今。

④ 缯：古时对丝织物的总称。

鼎文帔[1]

许智老为长沙，有木芙蓉二株，可庇亩余。一日盛开，宾客盈溢，坐中有王子怀者言：“花朵不万数，若过之，愿受罚。”智老许之。子怀因指所携妓贾三英胡锦鼎文帔以酬直[2]，智老乃命厮仆群采，凡一万三千余朵。子怀褫[3]帔，纳主人而遁。

二株花万余数，已盈极。一时受尤[4]，何大忍也。

木兰花

长安百姓家有木兰一株，王勃以五千买之，经年花紫。

青松笑人无长色，木兰经年花紫，高价不虚。

【注释】

① 帔（pèi）：披在肩背上的服饰。

② 酬直：偿还所值价钱。

③ 褫（chǐ）：脱去，解下。

④ 尤：怨恨，归咎。

花之梦

雅趣小书

花史左编

梦溪

镇江有梦溪，在丹阳经山之东。宋沈括尝梦至一小山，花如覆锦，乔木蓊郁，溪水绕其下。后谪南徐，得此。

兰花

郑文公[①]妾燕姞[②]梦天与之兰，以是为子。后文公见之，与之兰而御[③]焉，生穆公，名兰。

海棠花

蜀潘炕[④]有嬖妾[⑤]解愁，姓赵氏，其母梦吞海棠花蕊而生，颇有国色，善为新声。

【注释】

① 郑文公（？—前628）：姬姓，名踕，春秋郑国国君，公元前672年至前628年在位。

② 燕姞：郑文公妾，南燕国之女，姞姓，故称。

③ 御：指帝王临幸女子。

④ 潘炕：字凝梦，河西人，五代前蜀官员。前蜀王建时官至武泰军节度使兼侍中，前蜀永平三年（913）任内枢密使。

⑤ 嬖（bì）妾：爱妾。

润笔花

郑荣[1]尝作金钱花诗未就，梦一红裳女子掷钱与之，曰："为君润笔。"及觉，探怀中，得花数朵，遂戏呼为润笔花。

水仙花

谢公梦一仙女畀[2]水仙花一束，明日生谢夫人，长而聪慧，能吟咏。

又

姥姥住长篱桥，夜梦观星坠地，化水仙一丛。摘食之，觉而生女，长而令淑[3]有文[4]。

【注释】

① 郑荣：字光远，今浙江建德人。北宋真宗天禧三年（1019）进士，仁宗天圣初出使契丹，不辱使命。有诗名。

② 畀（bì）：赠与。

③ 令淑：德行善美。

④ 文：文华辞采。

樱桃青衣

天宝[①]初，有范阳卢子，在都应举，频年不第，渐窘迫。尝暮乘驴游行，见一精舍[②]中有僧开讲，听徒甚众。卢子方诣讲筵，倦寝。梦至精舍门，见一青衣，携一篮樱桃在下坐。卢子访其谁家，因与青衣同餐樱桃。青衣云："娘子姓卢，嫁崔家，今孀居在城。"因访近属，即卢子再从[③]姑也。青衣曰："岂有阿姑[④]同在一都，郎君不往起居？"卢子便随之。过天津桥，入水南一坊，有一宅，门甚高大。卢子立于门下，青衣先入。少顷，有四人出门，与卢子相见，皆姑之子也：一任户部郎中，一前任郑州司马，一任河南功曹，一任太常博士。二人衣绯，

【注释】

① 天宝：唐玄宗李隆基的年号，742年至756年使用。

② 精舍：儒家讲学的学社，后也指出家人修炼、居住之所。

③ 再从：同曾祖的亲属关系。

④ 阿姑：对成年女性的称谓。

二人着绿，形貌甚美。相见言叙，颇极欢畅。斯须，引入北堂拜姑。姑衣紫衣，年可六十许，言词高朗，威仪甚肃。卢子畏惧，莫敢仰视。令坐，悉访内外，备谙氏族，遂访儿婚姻未。卢子曰："未"，姑曰："吾有一外甥女，姓郑，早孤，遗吾妹鞠养。甚有容质，颇又令淑，当为儿妇，平章①计必允。"卢子遽即拜谢。乃遣迎郑氏妹，有顷，一家并到，车马甚盛。遂检择历日②，云后日大吉，因与卢子定谢③。姑云："聘财、函信、礼物，儿并莫忧，吾悉与处置。儿在城有何亲故，并抄名姓，并其家第。"凡三十余家，并在台省④及府、县官。明日下函，其夕成结⑤。

【注释】

① 平章：评议辨别，引申为商议处理。

② 历日：历书。

③ 定谢：明钞本《太平广义》中"樱桃青衣"作"定议"。

④ 台省：唐以尚书省为中台、门下省为东台、中书省为西台，总称为台省；又以三省并御史台合称台省。

⑤ 成结：结婚。

事事华盛，殆非人间。明日设席，大会都城亲表[①]。拜礼毕，遂入一院。院中屏帷床席，皆珍异。其妻年可十四五，容色美丽，宛若神仙。卢生心不胜喜，遂忘家属。俄又及秋试之时，姑曰："礼部侍郎与姑有亲，必合极力[②]，更勿忧也。"明春遂擢第[③]。又应宏词[④]，姑曰："吏部侍郎与儿子弟当家[⑤]连官[⑥]，情分偏洽[⑦]，令渠为，儿必取高第[⑧]。"及榜出，又登甲科，受[⑨]秘书郎。姑云："河南尹是

【注释】

① 亲表：泛指亲戚。

② 必合极力：必然极力相助。

③ 擢第：科举考试及第。

④ 宏词：即博学宏词科。唐代科目选之一，考试内容是诗、赋、议论各一篇，始于唐玄宗开元年间，登科者地位崇高。

⑤ 当家：本家，同宗。

⑥ 连官：在一起做官。

⑦ 偏（biàn）洽：亲密融洽。偏，通"遍"。

⑧ 高第：科举中式。

⑨ 受：同"授"，授予。

姑堂外甥，令渠[1]奏畿县[2]尉。”数月，敕授王屋尉[3]，迁监察，转殿中，拜吏部员外郎，判南曹。铨[4]毕，除郎中，余如故。知制诰[5]数月，即真迁礼部侍郎。两载知举[6]，赏鉴平允，朝廷称之，改河南尹。旋属[7]车驾[8]还京，迁兵部侍郎，扈从到

【注释】

① 渠：人称代词，他。

② 畿县：京都近旁的县。

③ 王屋：王屋县，在今河南济源。唐高宗显庆二年（657年）后隶河南府。

④ 铨：古代根据资格条件选授官职。

⑤ 知制诰：官职名，唐翰林学士加知制诰者起草诏令，余仅备顾问。

⑥ 知举：即知贡举，特命主掌贡举考试之意，唐宋时特派主持进士考试的官员。

⑦ 旋属：不久遇到。

⑧ 车驾：帝王所乘的车，亦代称帝王。

京，除京兆尹。改吏部侍郎，三年掌铨[①]，甚有美誉，遂拜黄门侍郎平章事。恩渥绸缪，赏赐甚厚，作相五年。因直谏忤旨，改左仆射，罢知政事。数月，为东都留守[②]、河南尹兼御史大夫。自婚媾[③]后，至是经三十年，有七男三女，婚宦俱毕，内外诸孙[④]十人。后因出，却到昔年携樱桃青衣精舍，复见其中，其中有讲，遂下马礼谒。以故相之尊，处端揆[⑤]居守[⑥]之重，前

【注释】

① 铨：此处指吏部。

② 留守：古时皇帝出巡或亲征，命大臣督守京城，便宜行事，谓京城留守。其陪京和行都则常设留守，多以地方长官兼任。

③ 婚媾（gòu）：婚姻，嫁娶。

④ 内外诸孙：孙子和外孙。

⑤ 端揆（kuí）：相位，宰相居百官之首，总揽国政，故称。

⑥ 居守：即留守，指卢生所任的东都留守。

后导从[①]，颇极贵盛，高自简贵，辉映左右。升殿礼佛，忽然昏醉，良久不起。既而梦觉，乃见着白衫，服饰如故，前后官吏，一人亦无。彷徨迷惑，徐徐出门，乃见小竖[②]捉驴执帽在门外立，谓卢曰："人饥驴饥，郎君何久不出？"卢访其时，奴曰："日向午矣。"乘驴归，见僧舍墙内樱花数枝，花甚繁郁，尚未有结子者。卢子罔然叹曰；"人世荣华穷达，富贵贫贱，亦当然也。而今而后，不更求官达矣。"遂寻仙访道，绝迹人世焉。

【注释】

① 导从：古时帝王、贵族及高官出行，前驱者称导，后随者称从。

② 小竖：僮仆。

画梅枝

乐平念斋程内翰楷[①]初发棹[②]北上赴会试，是夕，梦人有携扇面画梅枝一，念斋题云："谁把枯枝纸上栽，琼花错落带晴开。天公预报春消息，占断江南第一魁。"觉而喜，明年果中礼部第一[③]，官编修[④]。无嗣而卒，人谓"枯根"之语竟为先谶[⑤]云。

【注释】

① 程内翰楷：即程楷，字正之，号念斋，饶州乐平（今江西乐平）人。明成化二十三年（1487）丁未科会元。

② 发棹：开船。

③ 礼部第一：即会试第一，会元。会试由礼部主持，故称。

④ 编修：翰林院编修。明代从进士中选拔，为皇帝的文学侍从官，主要负责诰敕起草、史书纂修、经筵侍讲等。

⑤ 谶（chèn）：指事前预言、事后应验的话。

五色笔花

江淹[①]尝梦笔生花，文思日警，后宿一驿中，复梦一美丈夫自称郭璞[②]，曰："吾有笔在公处，可还。"淹探怀中五色笔授之，自是作诗绝无佳句，故世传江淹才尽。

梦花附

靖州[③]土产，绥宁[④]出。其茎如藤，其花黄白，其丛条甚细，俗云："有梦失记者，纫之即寤[⑤]。"

【注释】

① 江淹(444—505)：字文通，济阳考城（今河南民权）人。历仕南朝宋、齐、梁三朝，著名文学家，尤以辞赋、骈文为著。《梁书》有传。

② 郭璞（276—324）：字景纯，今山西闻喜人，晋代著名文学家。长于诗赋，尤以游仙诗名。《晋书》有传。

③ 靖州：约在今湖南靖州苗族侗族自治县。

④ 绥宁：今湖南绥宁县。

⑤ 寤：同"悟"，明白。

花之事
雅趣小书
花史左编

满山花

《谈圃》[①]：石曼卿[②]通判海州，以山岭高峻，人路不通，又无花卉点缀照映，遂以泥裹桃核，抛掷于山岭上。一二年间，满山花开，烂如锦绣。

花悟道

志勤禅师[③]在沩山，因桃花悟道，偈曰："自从一见桃花后，三十年来更不疑。"

【注释】

① 《谈圃》：即《孙公谈圃》，北宋刘延世录孙升之语而成，多述时事逸闻。

② 石曼卿：即石延年（994—1041），字曼卿，一字安仁，今河南睢阳人。工诗善书，有《石曼卿诗集》传世。《宋史》有传。

③ 志勤禅师：生卒年不详，今福建霞浦人，唐五代名僧。因居福州灵云寺，亦称灵云志勤禅师。

芳美亭

钱伸仲[①]于锡山所居作芳美亭，种桃数百千株，蔡载[②]作诗曰："高人不惜地，自种无边春。莫随流水去，恐汗世间尘。"

满县花

潘岳[③]为河阳[④]令，满县栽桃李，号河阳满县花。

【注释】

① 钱伸仲：即钱绅，字伸仲，生卒年不详，今江苏无锡人。宋徽宗大观三年（1109）进士。

② 蔡载：字天任，生卒年不详，今江苏丹阳人。宋神宗元丰三年（1080）进士。

③ 潘岳（247—300）：字安仁，今河南中牟人，西晋著名文学家。

④ 河阳：在今河南孟州。

花五里

茅山[①]乾元观姜麻子，阎蓬头[②]弟子也。黑夜纫衲[③]，从扬州乞烂桃核数石，空山月明中种之，不避豺虎。自茶庵至观中，有桃花五里余。

【注释】

① 茅山：在今江苏句容与金坛交界处，道教名山。

② 阎蓬头：即阎希言（1508—1588），山西人，明嘉靖、万历年间著名道士，全真阎祖派始祖。因其不修边幅，不戴道巾，不梳发髻，故号“阎蓬头”。

③ 衲：衲衣，补缀过的衣服，泛指破旧衣服。

绿耳梯

江南后主[①]同气[②]宜春王从谦[③]，常春日与妃侍游宫中后圃，妃侍覩[④]桃花烂开，意欲折而条高，小黄门[⑤]取彩梯献。时从谦正乘骏马击球，乃引鞚[⑥]至花底，痛采芳菲，顾谓嫔妾曰："吾之绿耳梯何如？"

消恨

明皇宴桃下，曰："不特[⑦]萱草忘忧，此花亦能消恨。"

【注释】

① 江南后主：指南唐后主李煜。

② 同气：指兄弟关系，也指志趣相投者相互响应结合。

③ 从谦：即李从谦，字可大，南唐元宗李璟第九子，李煜同母弟。

④ 覩：同"睹"。

⑤ 小黄门：指宦官。

⑥ 鞚（kòng）：带嚼子的马笼头。

⑦ 不特：不仅，不但。

红霞

唐刘禹锡贬朗州[①]司马，居十年召至京师，时玄都观有道士种桃，满观如红霞，遂有诗云："玄都观里桃千树，尽是刘郎去后栽。"已而复左出，牧十四年，得为主客郎中[②]。复游是观，无复一存，因有"种桃道士归何处，前度刘郎今又来"之句。

名花国色

唐开元，禁中[③]初种牡丹，得四本，植于兴庆池东沉香亭前。会花方开，明皇召太真赏玩，命李白为诗三章，其三曰："名花国色两相欢，长得君王带笑看。解释春光无限恨，沉香亭北倚栏干。"[④]

【注释】

① 朗州：今湖南常德。

② 主客郎中：唐时礼部所设官职，负责掌管少数民族及外国宾客接待事务。

③ 禁中：指帝王所居的宫内。

④ 此诗为李白《清平调词》其三，应作"名花倾国两相欢，长得君王带笑看。解释春风无限恨，沉香亭北倚阑干。"

木芍药

《花谱》[1]：唐人谓牡丹为木芍药。

殷红一窠

会昌[2]中，有朝士[3]数人，寻芳至慈恩寺，遍诣僧室。时东廊院有白花可爱，相与倾酒而坐，因云："牡丹未识红深者。"院主老僧微笑曰："安得无之，但诸贤未见耳。"朝士求之不已，僧曰："众君子欲看此花，能不泄于人否？"朝士誓云："终身不复言。"僧乃引至一院，有殷红牡丹一窠，婆娑几及千朵，浓姿半开，炫耀心目。朝士惊赏留恋，及暮而去。信宿[4]，有权要子弟至院，引僧曲江闲步。

【注释】

① 《花谱》：指唐代贾耽所撰《花谱》。

② 会昌：唐武宗李炎年号，841年至846年使用。

③ 朝士：朝廷之士，泛称中央官员。

④ 信宿：两夜。

将出门，令小仆寄安茶笈[⑤]，裹以黄帕。于曲江岸藉草而坐，忽有弟子奔走而来，云："有数十人入院掘花，禁之不止。"僧俯首无言，惟自吁叹，坐中但相眄而笑。既而却归，至寺门，见以大畚盛花，舁[⑥]而去。徐谓僧曰："窃知贵院旧有名花，宅中咸欲一看，不敢预告，恐难见舍。适所寄笼子中有金三十两、蜀茶二斤，以为酬赠。"

【注释】

⑤ 笈（jí）：箱子。

⑥ 舁（yú）：抬。

琼岛飞来

宋淳熙[①]间，如皋桑子河紫牡丹无种自生，有贵人欲移之，掘见石如剑，题曰“此花琼岛飞来种，只许人间老眼看。”以是乡老诞日值花时，必往宴为寿。惟李嵩以三月初八日初度[②]，自八十看花，至百九岁终。

紫金盏

唐玄宗内殿赏花，问程正巳[③]：“京师有传唱牡丹者谁称首？”对曰：“李正封[④]诗云：国色朝酣酒，天香夜染衣。”时贵妃方宠，因谓妃曰：“妆镜台前饮一紫金盏，则正封之诗可见矣。”

【注释】

① 淳熙：南宋孝宗赵昚年号，1174年至1189年使用。

② 初度：生日，出自《离骚》“皇览揆余初度兮，肇锡余以嘉名。”

③ 程正巳：事迹不详，唐玄宗侍臣。

④ 李正封：字中护，生卒年不详，今甘肃临洮人，一说京兆三原(今陕西三原)人。唐宪宗元和二年（807年）进士。《全唐诗》存诗五首。

参军数

诸葛颖[①]精于数，晋王广引为参军，甚见亲重。一日共坐，王曰："吾卧内牡丹盛开，君试为一算。"颖持越策[②]，度[③]一二子，曰："牡丹开七十九朵。"王入，掩户，去左右数之，政[④]合其数。但有二蕊将开，故倚阑看传记伺之，不数十行，二蕊大发。乃出谓颖曰："君算得无左乎？"颖再挑一二子，曰："吾过矣，乃九九八十一朵也。"王告以实，尽欢而退。

【注释】

① 诸葛颖(539—615)：字汉，今江苏南京人。历仕梁、齐，入隋官著作郎，迁朝请大夫，加正议大夫，甚见亲幸。《北史》《隋书》有传。

② 越策：度尺，古代的一种算具，类似算盘。

③ 度：拨动。

④ 政：同"正"，正好。

碎锦坊

《曹林异景》：裴晋公[①]午桥庄有杏，谓文杏[②]百株，名其处曰碎锦坊。

杏花村

《诗话》[③]：徐州古丰县朱陈村有杏花百二十里，坡诗云："我是朱陈旧使君，劝农[④]曾入杏花村。如今风物那堪话，县吏催钱夜打门。"[⑤]

【注释】

① 裴晋公：即裴度。

② 文杏：即银杏。

③《诗话》：指《古今诗话》，宋代佚名编撰的诗话汇编。

④ 劝农：古时地方官下乡视察农事，鼓励农耕。

⑤ 此诗为苏轼《陈季常所蓄〈朱陈村嫁娶图〉二首》其二，第三句应作"而今风物那堪画"。

杏坛

《庄子·渔父》篇：孔子游乎缁帷[①]之林，坐乎杏坛[②]之上。弟子读书，孔子弦歌[③]鼓琴云。

探春宴

《摭言》[④]：神龙[⑤]以来，唐进士初会杏花园，谓之探春宴。以少俊二人为探花，使遍游名园，若他人先折得花，则二人皆有罚。

【注释】

① 缁帷：林木繁茂之处。司马彪《庄子注》云："缁帷，黑林也。"后代指高人贤士讲学。

② 杏坛：司马彪《庄子注》云："杏坛，泽中高处也。"后指孔子讲学之地，也多指教书授人之地。

③ 弦歌：依琴瑟而咏歌。

④ 《摭言》：即《唐摭言》，五代王定保撰，详载唐代科举制度、掌故及科举士人言行等遗闻轶事，多为选举志所未备，唐代诗人的零章断句不少赖以保存。

⑤ 神龙：周朝武则天、唐中宗李显年号，705年至707年使用。

春光好

明皇游别殿，柳杏将吐，叹曰："对此景物，不可不与判断[①]。"命高力士取（一作助）羯鼓[②]，临轩纵击[③]，奏一曲，名《春光好》。回头（一作四顾）柳杏皆发，笑曰："此一事不唤我作天公，可乎？"

【注释】

① 判断：欣赏。

② 羯鼓：古代的一种打击乐器，形状像漆桶，演奏时横放在小牙床上，两手持杖敲击演奏。南北朝时从西域传入，唐代盛行。

③ 纵击：纵意击打。

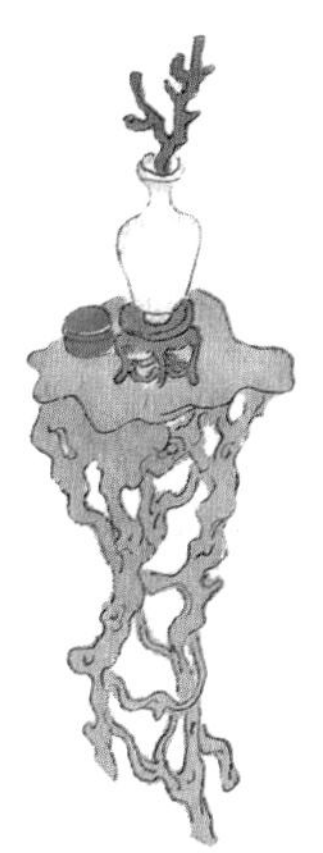

扬州廨[1]

梁何逊[2]为扬州法曹[3]，廨宇有梅花一枝盛开，逊咏吟其下。后居洛，思梅花，再请其任，从之。抵扬州花方盛，何逊对花彷徨[4]者终日。

【注释】

① 廨（xiè）：官署，旧时官吏办公处所。

② 何逊（472？—519？）：字仲言，今山东郯城人，南朝梁著名诗人。其诗多写羁旅行役与离情别绪，尤善写山水景物，风格清新婉转。《梁书》有传。

③ 法曹：《后汉书·百官志》载："法曹，主邮驿科程事。"

④ 彷徨：优游自得。

逢驿使

南北朝范晔[①]与陆凯[②]相善，凯在江南寄梅花一枝，诣长安与晔，并赠诗曰："折梅逢驿使，寄与陇头人。江南无所有，聊赠一枝春。"

榔树梅

太和山[③]有榔梅，相传真武[④]折梅寄榔树上，誓曰："吾道成，花开果结。"后，竟如其言。

【注释】

① 范晔（398—445）：字蔚宗，顺阳（今河南淅川）人，南朝宋著名史学家、文学家，著有《后汉书》。《宋书》《南史》有传。

② 陆凯（？—504）：字智君，今河北蔚县人，北朝北魏诗人。《魏书》有传。

③ 太和山：即武当山，道教圣地，在今湖北十堰境内。

④ 真武：又称玄武大帝，中国神话中的北方之神，道教神仙，民间多有信仰。

罗幕

伪吴从嘉[①]尝于宫中，以销金[②]罗幕，种梅花于外，花间立亭，可容三座，与爱姬花氏[③]对酌其中。

绿英

李白游慈恩寺，僧献绿英梅。

洗妆

洛阳梨花时，人多携酒树下，曰为梨花洗妆，或至买树。

【注释】

① 从嘉：即李煜，《五国故事》载“煜，景之次子，本名从嘉，嗣伪位，乃更今名。”此句“吴”字或衍。

② 销金：嵌金色的物品。

③ 花氏：应为“周氏”，《五国故事》载“尝于宫中以销金红罗幕其壁……糊以红罗，种梅花于其外……煜与爱姬周氏对酌于其中。”

香来玉树

侯穆[1]有诗名，因寒食郊行，见数少年共饮于梨花下，穆长揖就座，众皆哂之。或曰："能诗者饮。"乃以梨花为题，穆吟云："共饮梨花下，梨花插满头。清香来玉树，白蚁泛金瓯。妆靓青娥妒，光凝粉蝶羞。年年寒食夜，吟绕不胜愁。"众客阁笔。

压帽

梁绪[2]梨花时，折花簪之，压损帽檐，至头不能举。

【注释】

① 侯穆：字清叔，生卒年不详，今河南汝南人。北宋熙宁、元丰间有诗名。

② 梁绪：未详。

五恨

《冷斋夜话》[1]：彭渊材[2]曰："吾平生无所恨，但所恨者五事耳。一恨鲥鱼多骨，二恨金橘多酸，三恨莼菜其性多冷，四恨海棠无香，五恨曾子固[3]能作文不能作诗。"

睡未足

《杨妃传》：明皇尝召太真，太真被酒[4]新起，帝曰："此乃海棠花睡未足耳。"

【注释】

① 《冷斋夜话》：北宋僧人惠洪撰笔记、诗话著作，体例介于笔记、诗话间，内容以论诗为主，多称引苏轼、黄庭坚诸人。

② 彭渊材：即彭几，字渊材，生卒年不详，今江西宜丰人。能诗，性诙谐；晓声律，宋徽宗时任协律郎。

③ 曾子固：即曾巩，字子固。

④ 被酒：喝醉酒。

饮海桥

《冷斋夜话》：少游在黄州，饮于海桥，桥南北多海棠，有香者。

花首题

真宗御制[①]后苑杂花十题，以海棠为首，近臣唱和。

金屋贮

石崇[②]见海棠，叹曰："汝若能香，当以金屋贮汝。"

【注释】

① 御制：帝王所作的诗文、书画、乐曲等。

② 石崇（249—300）：字季伦，小名齐奴，渤海南皮（今河北南皮）人。西晋官员、富豪，"金谷二十四友"之一。《晋书》有传。

载酒饮

韩持国[1]虽刚果特立，风节凛然，而情致风流，绝出时辈。许昌崔象之[2]侍郎旧第，今为杜君章[3]所有，厅后小亭仅丈余，有海棠两株。持国每花开，辄载酒日饮其下，竟谢而去，岁以为常，至今故吏尚能言之。

泛湖赏

范石湖[4]每岁移家泛湖，赏海棠。

【注释】

① 韩持国：即韩维（1017—1098），字持国，开封雍丘（今河南杞县）人。有《南阳集》传世。《宋史》有传。

② 崔象之：即崔公孺（1014—1071），字象之，今河南许昌人。善属文，性亮直。

③ 杜君章：事迹未详，北宋人，与张耒、韩维交游。

④ 范石湖：即范成大，晚号石湖居士。

剪去子

《琐碎录》[1]：海棠候花谢结子，剪去，来年花盛而无叶。

登木饮

徐俭[2]乐道，隐于药肆中，家植海棠，结巢其上，引客登木而饮。

如杜梨

《花木录》[3]载：南海棠木性无异，惟枝多屈曲，数数有刺，如杜梨花，亦繁盛，开稍早。

【注释】

① 《琐碎录》：北宋温革撰，为前人精粹语录，尤其关注养生论述。

② 徐俭：一作“徐佺”，隐士，事迹不详。

③ 《花木录》：宋张宗敏撰，七卷。

白莲社[1]

僧惠远[2]居庐山，与刘遗民[3]结白莲社，以书招陶渊明。渊明曰："若许饮，即往。"

双莲

宋文帝元嘉[4]间，乐游苑天泉池池莲同干。泰始[5]中，嘉莲[6]一双并实，合跗同茎，生豫州鲤湖。

【注释】

① 白莲社：佛教净土宗社团。东晋高僧慧远于庐山东林寺，与慧永、慧持和刘遗民、雷次宗等结社，专修净业，又掘池植白莲，故称。

② 惠远：即慧远（334—416），俗姓贾，今山西原平人。东晋著名高僧，长期主持庐山东林寺，为佛教净土宗始祖。

③ 刘遗民（352—410）：即刘程之，字仲思，江苏铜山人。东晋著名佛教居士。

④ 元嘉：南朝宋文帝刘义隆年号，424年至453年使用。

⑤ 泰始：南朝宋明帝刘彧年号，465年至471年使用。

⑥ 嘉莲：一茎多花之莲，古代认为是祥瑞之征。

东林植

谢灵运即东林寺，翻《涅槃经》[1]，且凿池，植白莲其中。

破铁舟

韩愈登华山莲花峰归，谓僧曰：“峰顶有池，菡萏[2]盛开可爱，其中又有破铁舟焉。”

【注释】

①《涅槃经》：佛教经典的重要部类之一，此处指大乘《涅槃经》。

②菡萏：荷花的别称。

万荷蔽水

神庙[①]时，中贵[②]宋用臣[③]凿后苑瑶津池，成，明日请上赏莲花。忽见万荷蔽水，乃一夜买满京盆池[④]沉其下，上嘉其能。

【注释】

① 神庙：帝王的宗庙，此处代指宋神宗赵顼。

② 中贵：即中官、宦官，泛指皇帝宠爱的近臣。

③ 宋用臣：字正卿，今河南开封人，深受宋神宗宠幸的宦官。《宋史》有传。

④ 盆池：埋盆于地，引水灌注而成的小池，用来种植供观赏的水生花草。

瓦盎分

宋孝宗于池中种红、白荷花万柄，以瓦盎别种，分列水底，时易新者，以为美观。

五枝芳

燕山窦谏议[①]五子俱登第，冯道[②]赠诗曰："燕山窦侍郎，教子有义方。灵椿[③]一株老，丹桂五枝芳。"

附春桂

王绩[④]《问答》：问春桂曰："桃李正芳华。年光随处满，何事独无花？"春桂答曰："春华讵[⑤]能久，风霜摇落时，独秀君知否？"

【注释】

① 窦谏议：即窦禹钧，五代后周官员、藏书家，以右谏议大夫致仕。《宋史》有传。

② 冯道（882—954）：字可道，号长乐老，今河北沧州人。历仕后唐、后晋、后汉、后周，长期任宰相。《旧五代史》《新五代史》有传。

③ 灵椿：代指父亲。

④ 王绩（约589—644）：字无功，号东皋子，今山西河津人，初唐著名诗人。隐居不仕，为人放诞。《旧唐书》《新唐书》有传。

⑤ 讵（jù）：难道。

桂柱

汉武帝昆明池中，有凌波殿七间，皆以桂为柱，风来自香。

花洞户

孟元老[①]《东京梦华录》：重九都下[②]赏菊，菊有数种：有黄白色，蕊若莲房，曰万龄菊；粉红色，曰桃红菊；白而檀心[③]，曰木香菊；黄色而圆，曰金铃菊；纯白而大，曰喜容菊。无处无之，酒家皆以菊花缚成洞户[④]。

【注释】

① 孟元老：号幽兰居士，生卒年不详，今河南开封人。宋南渡后追忆东京繁华，于南宋绍兴十七年（1147）撰成《东京梦华录》。

② 都下：京都，此处指北宋东京开封。

③ 檀心：浅红色的花蕊，出自苏轼《黄葵》诗："檀心自成晕，翠叶森有芒。"

④ 洞户：门户。

消祸

《续齐谐记》[①]：汝南桓景[②]随费长房游学数年，长房忽谓之曰："九月九日汝家有灾厄，可速去，令家人各作绛囊，盛茱萸系臂，登高，饮菊花酒，祸乃可消。"景如其言，举家登山，夕还，见牛羊鸡犬皆暴死焉。

丽草

晋傅统妻[③]《菊花颂》："英英丽草，禀气灵和。春茂翠叶，秋曜金华。布濩[④]高原，蔓衍陵阿[⑤]。扬芳吐馥，载芳载葩。爰拾爰采，投之酿酒。御于王公，以介眉寿[⑥]。"

【注释】

① 《续齐谐记》：南朝梁吴均撰志怪小说集，多记怪异之事，文辞优美。

② 桓景：《续齐谐记》中人物，相传重阳节起源与其密切相关。

③ 傅统妻：即辛萧，晋代女文学家，散骑常侍傅统之妻，生平未详。

④ 布濩（hù）：遍布，布散。

⑤ 陵阿：丘陵，山陵。

⑥ 眉寿：长寿。

菊道人[1]

亳社[2]吉祥僧刹[3]，有僧诵《华严》[4]大典，忽一紫兔自至，驯伏不去，随僧坐起，听经坐禅。惟餐菊花，饮清泉，僧呼菊道人。

土贡

《九域志》[5]：邓州南阳郡土贡[6]，白菊三十斤。

【注释】

① 道人：和尚的旧称。

② 亳社：即殷社，商朝所立之社，因商都城在亳，故称。

③ 吉祥僧刹：佛寺名。

④ 《华严》：即《华严经》，全称《大方广佛华严经》，大乘佛教主要经典之一，华严宗的立宗之经。

⑤ 《九域志》：即《元丰九域志》，宋代地理书。

⑥ 土贡：古代臣民或藩属向君主进献的土产。

插满头

唐《辇下岁时记》[①]：九日[②]宫掖[③]间争插菊花，民俗尤甚。杜牧诗云："尘世难逢开口笑，菊花须插满头归。"又云："九日黄花插满头"。

献寿

《唐书》：李适[④]为学士[⑤]，凡天子飨会、游豫[⑥]，唯宰相及学士得从。秋登慈恩浮图[⑦]，献菊花酒称寿。

【注释】

① 《辇下岁时记》：唐李绰撰岁时记，记述长安岁时节气。辇下，辇毂下，犹言在皇帝车舆之下，代指京城。

② 九日：指农历九月初九。

③ 宫掖：皇宫，宫廷。

④ 李适（663—711）：字子至，今陕西西安人。唐中宗时为修文馆学士。

⑤ 学士：官名，此处指修文馆学士。

⑥ 游豫：帝王出巡。春巡为游，秋巡为豫。

⑦ 浮图：佛塔。

候时草

《风土记》[①]曰："精、治蘠[②]，皆菊之花茎别名也。生依水边，其花煌煌，霜降之节，唯此草盛茂。九月律中无射[③]，俗尚九日而用，候时之草也。"

秉兰

郑国之俗，上巳于溱洧[④]之上，招魂续魄，秉兰草，拔除不祥。

【注释】

① 《风土记》：记述东吴阳羡（今江苏宜兴）地方风土民情的风物志，西晋周处撰。已佚。

② 治蘠（qiáng）：亦作治墙，菊花别名。

③ 无射（yì）：古十二律之一，位于戌，故亦指阴历九月。《史记·律书》："九月也，律中无射。无射者，阴气盛用事，阳气无余也，故曰无射。"

④ 溱洧（zhēn wěi）：溱水、洧水，郑国的两条河流名。

握兰

汉尚书郎[①]每进朝时，怀香握兰，口含鸡舌香[②]。

暗麝[③]着人

东坡谪儋耳[④]，见黎女竞簪茉莉、含槟榔，戏书几间曰："暗麝着人簪茉莉，红潮登颊醉槟榔。"

【注释】

① 尚书郎：官名。西汉始置；东汉取孝廉中有才能者入尚书台，在皇帝左右处理政务。

② 鸡舌香：即丁香。

③ 暗麝：暗香。

④ 儋（dān）耳：古地名，即今海南儋州。汉置儋耳郡，唐改为儋州。

舞山香

汝阳王琎[①]尝戴砑绡帽[②]打曲，上自摘红槿花一朵，置于帽上笪[③]（笪字当作檐）处，二物皆极滑，久之方安。遂奏《舞山香》一曲，而花不坠，上大喜，赐金器一厨。

洗手花

宋时，汴[④]中谓鸡冠花为洗手花。中元节[⑤]前，儿童唱卖，以供祖先。

【注释】

① 琎：即李琎，唐玄宗之侄，封汝阳王。雅好音乐，姿容妍美，深得玄宗喜爱。

② 砑（yà）绡帽：用砑光绢制成的舞帽。

③ 笪（qiè）：牚子。

④ 汴：汴京，北宋都城，今河南开封。

⑤ 中元节：农历七月十五日，俗称鬼节、七月半，佛教称为盂兰盆节，有放河灯、祭祖、祀亡魂等习俗，是中国民间最大的祭祀节日之一。

胭脂染

解缙[①]尝侍上侧，上命赋鸡冠花诗，缙曰："鸡冠本是胭脂染"，上忽从袖中出白鸡冠，云："是白者。"缙应声曰："今日如何浅淡妆？只为五更贪报晓，至今戴却满头霜。"

房多子

《北史》：齐安德王延宗[②]纳赵郡李祖收女为妃，母特为荐二石榴于帝，莫知其意，轻之。帝问魏收[③]，收答："以石榴房多子，王新婚妃，妃母欲子孙众多。"帝大喜。

【注释】

① 解缙（1369—1415）：字大绅、缙绅，号春雨，今江西吉水人，明初政治家、文学家。成祖时官至内阁首辅、右春坊大学士。《明史》有传。

② 延宗：即高延宗（544—577），北齐宗室，文襄帝高澄第五子，封安德王。

③ 魏收（506—572）：字伯起，今河北晋州人。北朝魏、齐史学家，著《魏书》。《北齐书》《北史》有传。

一点红

《直方诗话》[1]：王荆公作内相，翰[2]苑有石榴一丛，枝叶甚茂，只发一花。时王荆公有诗云："万绿丛中红一点，动人春色不须多。"

蠲[3]忿

《本草》[4]：晋嵇康种之舍前，尝曰："合欢花此花，欲蠲人之忿，赠以青棠。"合欢也。

九花

苏子由[5]盆中菖蒲，忽生九花。

【注释】

① 《直方诗话》：即《王直方诗话》，北宋王直方撰诗话著作，录苏轼、黄庭坚语颇多。已佚。

② 内相：唐、宋时翰林学士别称。

③ 蠲：清除，祛除。

④ 《本草》：中国古代有多部医药著作简称《本草》，此处不确定所指，后同。

⑤ 苏子由：即苏辙，字子由。

双陆[1]赌

《杂俎》[2]：梁豫州掾属[3]以双陆赌金钱，钱尽，以金钱花补足。鱼弘谓，得花胜得钱。

【注释】

① 双陆：古代博戏用具，也是一种棋盘游戏。

② 《杂俎》:指《酉阳杂俎》，唐段成式撰笔记小说集。内容广泛驳杂，多记异事异物，保存大量遗闻逸事及社会风俗资料，其中志怪小说尤有价值。

③ 掾属：佐治的官吏。

花史左编

花之人

雅趣小书

花师

洛人宋单父，字仲孺，善吟诗，亦能种艺术。凡牡丹变易千种，红白鬬色[①]，人亦不能知其术。上皇[②]召至骊山，植花万本，色样各不同。赐金千余两，内人皆呼为花师，亦幻世之绝艺也。

花媒

李冠卿[③]家有杏花一窠，花多不实，适一媒姥见之，笑曰：“来春与嫁此杏”。冬深，忽携一尊酒来，云婚家撞门酒[④]，索处子裙系树上，奠酒[⑤]辞祝再三而去。明年，结子无数。

【注释】

① 鬬（dòu）色：形容花盛开，竞相逞美。

② 上皇：太上皇，此处指唐玄宗李隆基。

③ 李冠卿：未详，北宋庞元英《文昌杂录》载“朝议大夫李冠卿”。

④ 撞门酒：旧时婚礼迎娶时男家所送的礼酒。

⑤ 奠酒：祭祀时的一种仪式，即把酒洒在地上，表示怀念、哀悼之意。

花医

苏直善治花，瘠者腴之，病者安之，时人竞称之为花太医。

花妾

唐李邺侯[1]公子有二妾绿丝、碎桃，善种花，花经两人手，无不活。

花姑

魏夫人弟子善种花，号花姑，诗“春圃祀花姑”。按：花姑姓黄，名令媛。

【注释】

① 李邺侯：即李泌（722—789），字长源，今陕西西安人，唐代著名政治家。功勋卓著，封邺县侯。《旧唐书》《新唐书》有传。

花翁

孙惟信[1]，字季蕃，仕宋，光宗时弃官隐西湖。工诗文，好艺花卉，自号花翁。家徒壁立[2]，弹琴读书，安如也。

花主

太祖一日幸后苑赏牡丹，召宫嫔，将置酒。得幸者以疾辞，再召，复不至。上乃亲折一枝，过其舍而簪于髻上。上还，辄取花而还，上顾之曰："我辛勤得天下，乃欲以一妇人败之耶？"即引佩刀截其腕而去。

【注释】

① 孙惟信(1179—1243)：字季蕃，自号花翁，今河南开封人。宋光宗时弃官隐居西湖，与赵师秀、刘克庄等交厚，善雅谈，尤工长短句。

② 家徒壁立：家里只有四面的墙壁，形容家中一无所有。

二花

阮文姬[①]插鬓用杏花，陶溥公[②]呼曰："二花。"

宗测[③]

宗测春游山谷间，见奇花异草，则系于带上，归而图其形状，名聚芳图、百花带，人多效之。

陈英[④]

陈英隐居江南，种梅千株，每至花时，落英缤纷，恍如积雪。

【注释】

① 阮文姬：相传为二月杏花神。唐朱揆《钗小志》："阮元姬插鬓用杏花"。

② 陶溥公：未详。

③ 宗测(？—495)：字敬微，一字茂深，南阳涅阳（今河南镇平）人，南朝齐文学家。善书画，好音律，朝廷多次征召不就。《南齐书》《南史》有传。

④ 陈英：事迹未详。

林逋[1]

林逋，字君复，隐居孤山，徵辟[2]不就。构巢居阁，绕植梅花，吟咏自适，徜徉湖山，或连宵不返。

陶潜

晋陶潜为彭泽令，宅边有丛菊，重九日出，坐径边采菊盈把。有江州太守王弘[3]令白衣吏[4]送酒至，遂饮醉而归。

按：渊明爱菊，每对花命酒，吟咏移日[5]。

【注释】

① 林逋（967—1028）：字君复，今浙江杭州人，北宋著名隐逸诗人。隐居西湖孤山，种梅养鹤，终生不仕不娶。《宋史》有传。

② 徵辟：亦作“征辟”，古代选拔擢用人才的一种制度，即征召名望显赫的人士出来做官，皇帝征召称“征”，官府征召称“辟”。

③ 王弘（379—432）：字休元，今山东临沂人。南朝宋官员、书法家，王导曾孙。《宋书》《南史》有传。

④ 白衣吏:指虽掌某官职，但身份尚非官身，而是白衣的人。

⑤ 移日：日影移动，表示时间很久。

司花女

炀帝驾至洛阳，进合蒂迎辇花，命御车女袁宝儿持之，号曰司花女。命虞世南[①]作诗，嘲之曰："学画鸦黄[②]半未成。"

解语花

解语花刘氏尤长于慢词，廉野云[③]招卢疏斋[④]、赵松雪[⑤]饮于京城外之万柳堂。刘左手持荷花，右手举杯，歌"骤雨打新荷"曲，诸公喜甚。赵为赋诗，有"手把荷花来劝酒，步随芳草去寻诗"之句。

【注释】

① 虞世南（558—638）：字伯施，今浙江慈溪人，历仕南朝陈、隋、唐，著名政治家、书法家。《旧唐书》《新唐书》有传。

② 鸦黄：古时妇女涂额的化妆黄粉。

③ 廉野云：元代高昌畏吾儿诗人，一说为廉恒，其家族高昌廉氏的大都廉园雅集延续数十年，对有元一代影响深远。

④ 卢疏斋：即卢挚（约1242—1315后），字处道、莘老，号疏斋，今河北涿州人，元代文学家。

⑤ 赵松雪：即赵孟頫（1254—1322），字子昂，号松雪道人，今浙江湖州人。南宋末至元初著名书画家。《元史》有传。

王子猷[①]

王子猷学道于终南山，尝出游山谷，披鹤氅服，乘白羊车，采野花插之于首。人欲追之，则不见。

张茂卿[②]

张茂卿好事，其家西园有一楼，四围植奇花异卉殆遍。尝接牡丹于椿树之杪[③]，花盛开时，延宾客推楼玩焉。

陈从龙[④]

陈从龙，字登云，嘉鱼人。少嗜学，每夜读书至曙，能诗，环居栽梅，倚树而歌。

【注释】

① 王子猷：即王徽之（338—386），字子猷，会稽山阴（今浙江绍兴）人。东晋书法家，王羲之第五子，生性放诞不羁。《晋书》有传。

② 张茂卿：山西襄陵县人，善书画，与朱好古、杨云端为元代著名民间画家，时号“襄陵三杰”。

③ 杪（miǎo）：树枝的细梢。

④ 陈从龙：事迹未详，今湖北嘉鱼人，有诗名。

陆龟蒙[1]

张抟[2]为苏州刺史，植木兰花于堂前，尝花盛时燕客，命即席赋之。陆龟蒙后至，张连酌，浮之径醉，强索笔题两句：“洞庭波浪渺无津，日日征帆送远人”，颓然醉倒。客欲续之，皆莫详其意。既而龟蒙稍醒，续曰：“几度木兰船上望，不知元是此花身。”[3]遂为绝唱。

【注释】

① 陆龟蒙(? —约881)：字鲁望，号江湖散人、天随子、甫里先生，今江苏吴县人，晚唐文学家。善诗文，小品文多忧时讽世之语。《新唐书》有传。

② 张抟：唐懿宗咸通间任中大夫、湖州刺史，僖宗乾符间任苏州刺史，撰《删治吴地记》。

③ 此诗名《木兰堂》，第三句应为“几度木兰舟上望”。一说李商隐作。

花之药

雅趣小书

花史左编

百花

凤刚者，渔阳[1]人也。常采百花水渍，封泥埋之百日，煎为丸。卒死者，入口即活。

桃花

范文正公[2]女孙病狂[3]，尝闭一室，牖外有大桃树一株，花适盛开。一夕，断棂登木，食桃花几尽，自是遂愈。

秋葵

秋葵花用香油浸之，可搽汤炮火烧，立效。

【注释】

① 渔阳：在今北京密云西南。

② 范文正公：即范仲淹，谥文正，故称。

③ 病狂：患疯病。

凤仙

凤仙花子可入药，白者尤有用。

茱萸

泸州宝山，一名泸峰山，多瘴。三四月感之必死，五月上旬则无害，土人[①]以茱萸茶，可避岚气[②]。

鸡冠

鸡冠之白者，可治妇人淋疾。

栀子

栀子其花，小而单台者，则结山栀，可作药料。

【注释】

① 土人：土著，世居本地的人。

② 岚气：山林间的雾气，此处指瘴气。

郁李

郁李花，其子可入药。

枳壳

枳壳花，其种甚贱，篱傍植之，实可入药用。

菊水

《荆州记》①：郦县北有菊水，其涯悉芳菊，破岸水甚甘馨。胡广②久患疯羸，饮此疾遂瘳③。

【注释】

① 《荆州记》：南朝宋盛弘之撰记叙荆楚地区自然地理、风俗物产等的地记，文笔优美，内容闳富。

② 胡广（91—172）：字伯始，今湖北监利人，东汉名臣。以奉行中庸之道著称，官至太傅。《后汉书》有传。

③ 瘳（chōu）：病愈。

石瓜

乌撒军民府[①]土产，树生，坚如石，善治心痛。

秋菊

晋潘尼[②]《秋菊赋》："垂采炜于芙蓉，流芳越乎兰林。"又曰："既延期以永寿，又蠲疾而弭痾[③]。"

又

晋傅玄[④]《菊赋》："布河洛，纵横齐秦，掇以纤手，承以轻巾。……服之者长寿，食之者通神。"

【注释】

① 乌撒军民府：约在今贵州威宁、赫章。

② 潘尼（约250—约311）：字正叔，今河南中牟人，西晋文学家。与叔潘岳俱以诗文名，世称"两潘"。《晋书》有传。

③ 痾（kē）：同"疴"，病。

④ 傅玄（217—278）：字休奕，今陕西耀州人。西晋文学家、思想家。以乐府诗见长，文辞华美。《晋书》有传。

又

《本草》载：神农以菊味为苦，名医以味为甘，例皆疗病。意神农取白菊言之，名医取黄菊言之。

又

《日华子》[1] 云："菊花，治四肢游风，利血脉并头痛；作枕明目，叶亦明目，生熟并可食。菊有两种，花大气香者为甘菊，花小气烈者名野菊。然虽如此，园蔬内种肥沃后同一体。"

又

《神农本草》[2] 云："菊花，味苦，主头风、头眩、目泪出、恶风湿痹。久服利血气，轻身[3] 延年。"

【注释】

① 《日华子》：即《日华子诸家本草》，五代吴越日华子著本草医药书。原书已佚，佚文散见于《证类本草》《本草纲目》等书。

② 《神农本草》：即《神农本草经》，是我国现存最早的中药学专著。撰者不详。原书已佚，后世有辑本。

③ 轻身：道教谓使身体轻健而能轻举。

又

《名医别录》[1]云："菊花，味甘，无毒，疗腰痛去来，除胸中烦热。"

又

东坡《仇池笔记》[2]云："菊，黄中之色，香味和正，花、叶、根、实皆长生药也。北方随秋早晚，大略至菊有黄，花乃开。岭南冬至乃盛，地暖，百卉造作（造，一作迭）无时，而菊独后开。考其理，菊性介烈，不与百卉并盛衰，须霜降乃发。岭南常以冬至微霜也，仙姿高洁如此，宜其通仙灵也。"

【注释】

① 《名医别录》：医药学著作，约成书于汉末。原书久佚，佚文散见于《证类本草》《本草纲目》等书。

② 《仇池笔记》：旧题苏轼所撰文言笔记，多记身边琐事及诗文评述，部分与《东坡志林》重复。

又

《千金方》："常以九月九日取菊花作枕袋枕头，大能去头风、明眼目。"陈钦甫《九日》诗云："菊枕堪明眼，茱囊[1]可辟邪。"

白菊

陈藏器[2]云："白菊味苦，主风眩，变白，不老，益颜色。"杨损之[3]云："甘者入药，苦者不任。"

【注释】

① 茱囊：装有茱萸的佩囊。古俗重阳节取茱萸缝袋盛之，佩系身上，谓能辟邪。

② 陈藏器（683—757）：今浙江宁波人，唐代医药学家，被誉为"茶疗鼻祖"。所撰《本草拾遗》已佚，佚文散见《证类本草》等书。

③ 杨损之：唐华阴（今陕西华阴）人，约为开元以后人，曾任润州医博士兼节度随军，精于医药。所撰《删繁本草》已佚，佚文散见于《嘉祐本草》等书。

甘菊

《玉函方》[①]云王子乔变白增年方：甘菊三月上寅日采，名曰玉英；六月上寅日采，名曰容成；九月上寅日采，名曰金精；十二月上寅日采，名曰长生，长生者，根茎是也。四味并阴干百日，取等分以成，日合捣千杵为末，酒调下一钱七。以蜜丸如桐子大，酒服七丸，一日三服。百日，身轻润泽；服之一年，发白变黑；服之二年，齿落再生，八十岁老人变为童儿，神效。

莲花汁

《抱朴子·刘生丹法》[②]：用白菊汁、莲花汁和丹蒸之，服一年，寿五百岁。

【注释】

① 《玉函方》：东晋葛洪撰药方专著，内容为民间草药和效方验方。已佚。

② 《抱朴子》：东晋葛洪撰道教典籍。该书论述神仙、炼丹、符箓等事及“时政得失，人事臧否”，确立了道教神仙理论体系，集魏晋炼丹术之大成。

野蔷薇

野蔷薇有二种，雪白、粉红，采花采叶，疟病[1]煎服即愈。

淡竹花

淡竹花性最凉，其叶煎汤饮，可治一切热病[2]。

四季花

其枝叶捣汁，可治跌打损伤，又名接骨草。

石合草

施州卫[3]出，其苗绕树作藤，能治疮肿。

【注释】

① 疟病：即疟疾。

② 热病：中医病名，泛指一切外感热病与内伤发热类疾病。

③ 施州卫：辖境约在今湖北恩施、五峰以西地。

金星草

施州出，其草治发背[①]。

鼓子花

花开如拳不放，顶慢如缸鼓[②]，式色微蓝可观，又可入药。

水红花

其花叶用以煎汁洗脚，疯痒绝妙。

龙牙草

龙牙草，株高二尺，春夏采之，治赤白痢疾[③]。施州出。

【注释】

① 发背：生于脊背部位的一种毒疮。

② 缸鼓：一种打击乐器，形似花盆。

③ 赤白痢疾：即小儿痢疾。

金稜藤

金稜藤，有叶无花，可疗筋骨痛。

蒌叶藤

云南出，叶似葛蔓附于树，可为酱，即《汉书》所谓蒟酱[1]也。实似桑葚，皮黑、肉白、味辛，合槟榔食之，御瘴气。

双鸾菊花

此花根可入药，名曰乌头。

【注释】

① 蒟（jǔ）酱：用蒌叶的果实做的酱，亦称枸酱。

附　白花蛇

南阳府产，亦产黄州，顶有方胜[①]，尾有指甲，长尺余，能治风疾。

苦药子

重庆府忠州[②]出产，性寒，解一切毒。

【注释】

① 方胜：两个菱形压角相叠组成的图案或花纹。

② 忠州：今重庆忠县。

花之毒

花史左编

雅趣小书

凌霄花

蔓生，黄花，用以蟠[1]绣大石，似亦可观。但其花能堕胎，或清晨仰视，露滴目，令人丧明。

萱花

俗名鹅脚花，有三种：单瓣者，可食；千瓣者，食之杀人；惟色如蜜者，香清叶嫩，至夜更香可玩。予家园金萱最多，亦千叶，摘以供馔，习以为常，经年食之，未见有毒，应是他种。

茉莉花

昔人诗有“茉莉异香含异毒”之句，曰异毒，则此花不宜点茶[2]。予旧闻欲得其香者，取花浸井，花水覆之，杯中经宿。客至，茶杯间分滴井水少许，不见花，而茉莉之香已盈室矣。然老人言，饮之得肚饱发虚之病，则此花岂应尝试？

【注释】

① 蟠：盘曲，盘结。

② 点茶：唐、宋时期的一种煮茶方法，即将茶瓶里烧好的水注入茶盏中。

羊踯躅

生诸山中，花大如杯盏，类萱，色黄。羊食之，则踯躅而死，或云羊食则生疾若痫[1]。

蜡梅花

或云蜡梅花人多爱其香，但可远闻，而不可嗅；嗅之则头痛，试之不爽。

紫荆花

或云其花投鱼羹及饭中，能杀人，宜防之。

真珠兰

真珠兰，又名鱼子兰，叶能断肠。

【注释】

① 痫：一种反复发作的神志异常疾病，又称癫痫、癫疾，俗称羊痫风。

杏花

《花谱》云："杏仁有毒，须令极热中，心无白为度。"

野菊

《牧竖闲谈》[1]云："蜀人多种菊，以苗可入菜，花可入药，园圃悉植之。郊野人多采野菊供药肆，颇有大误，真菊[2]延龄，野菊泻人。"

附瓶花

忌以插花之水入口，凡插花水，有毒，惟梅花、秋海棠二种毒甚，须防严密。

【注释】

① 《牧竖闲谈》：亦名《樵牧闲谈》《收豆腐谈》，北宋景焕（一作耿焕）撰笔记小说，所记多异闻奇器。已佚。

② 真菊：即食用菊。菊花有观赏菊、食用菊，《抱朴子》称食用菊为真菊。

图书在版编目（CIP）数据

花史左编 / (明) 王路著；甘超逊注译. -- 武汉：崇文书局，2018.7（2024.5重印）

（雅趣小书 / 鲁小俊主编）

ISBN 978-7-5403-5081-9

Ⅰ. ①花… Ⅱ. ①王… ②甘… Ⅲ. ①花卉－观赏园艺－中国－明代 Ⅳ. ①S68

中国版本图书馆CIP数据核字(2018)第145370号

雅趣小书：花史左编

图书策划	刘　丹
责任编辑	程可嘉
装帧设计	刘嘉鹏 1649design
出版发行	长江出版传媒 Changjiang Publishing & Media　崇文书局 Chongwen Publishing House
业务电话	027-87293001
印　　刷	湖北画中画印刷有限公司
版　　次	2018年7月第1版
印　　次	2024年5月第2次印刷
开　　本	880*1230　1/32
字　　数	250千字
印　　张	9.5
定　　价	66.00元

本书如有印装质量问题，可向承印厂调换

U0358628